U0179075

自然的精灵

高东生 著

甘肃科学技术出版社

图书在版编目(CIP)数据

自然的精灵 / 高东生著. -- 兰州 : 甘肃科学技术出版社, 2020.12(2021.9重印)
ISBN 978-7-5424-2619-2

Ⅰ. ①自… Ⅱ. ①高… Ⅲ. ①昆虫 - 普及读物 Ⅳ. ①Q96-49

中国版本图书馆CIP数据核字(2020)第256927号

自然的精灵
高东生 著

项目团队 星图说
项目策划 宋学娟 韩 波
责任编辑 李叶维 于佳丽 韩 波
装帧设计 大雅文化

出 版 甘肃科学技术出版社
社 址 兰州市读者大道568号 730030
网 址 www.gskejipress.com
电 话 0931-8120133(编辑部) 0931-8773237(发行部)

发 行 甘肃科学技术出版社 印 刷 北京地大彩印有限公司
开 本 787毫米×1092毫米 1/32 印 张 7 字 数 160千
版 次 2021年1月第1版
印 次 2021年9月第2次印刷
印 数 5001~10000
书 号 ISBN 978-7-5424-2619-2 定 价 48.00元

自然，竟有这么精彩的瞬间

目　录
Contents

自然的精灵

我的眼泪在飞

草丛和灌木间，蜂飞蝶舞鸟语花香之类的景象，粗略地看上去，似乎有些天堂的模样，但这只是假象。走近细看，原来地狱的大门那么宽敞，而且从不关闭。滑稽的是，天堂和地狱并非天上地下相距遥远，而是比邻而建，外观如孪生兄弟，稍不注意，你就可能错门而入。

一般人想象不出，外形纤弱的豆娘却是天生的杀手，它的飞行本领不输飞行大师蜻蜓，能自由地前进、后退和悬停。一只美丽的高脚蝇还在丁香心形的叶子上练着每日的瑜伽，小豆娘一个箭一般的冲刺，六条带刺的细腿形成一个漂亮的栅栏，一下子给高脚蝇建造了一个临时监狱。此刻的豆娘，一改娇小柔弱的形象，张嘴就咬，凶狠霸气。此时，晨光初现，清风微拂，这顿轻易到手的美味早餐，大概让它感受到了树木间天堂

般的美妙。然而乐极生悲，吃完早餐的小豆娘都没来得及擦干净嘴边的残渣，大蜻蜓飞了过来，带钩子的腿轻轻一抓，豆娘就动弹不得。蜻蜓飞到一片苇叶上进餐，从脑袋开始，连翅膀都吃掉，它的咀嚼式口器就像一台粉碎机，你细听，它进餐窸窣有声，对小豆娘来说，这是地狱中传来的恐怖召唤。螳螂捕蝉，黄雀在后，你别以为是吓唬人的大话，你细看看吧，到处都是。

张牙舞爪的小蟹蛛喜欢在小花儿上埋伏。它们的背部大部分有花色图案，再加上张开的长腿，你不注意，还以为是另一朵小花儿呢。它趴在那里，好长时间一动不动，保持一个姿势，如老僧入定，它在等采蜜的昆虫犯下疏忽的错误。它前面的四条腿长而有力，捕到猎物前一直是蓄势待发的进攻姿态，猎物到了攻击范围，它就会扑上去来一个亲密拥抱，紧接着是一个死亡之吻，它的成功率几乎百分之百。但是，它毕竟太小了，马蜂要是先下手的话它没有多少胜算，甚至同类的蜘蛛，比它大一些的，也可杀它于瞬间。这种起伏太大

了，小虫子们过山车一样地走在生命的小路上。寿终正寝，大概就算是不错的归宿了。碧波荡漾的草地，其实可不那么诗情画意，粗略分来，一半是火焰，一半是海水。

更意想不到的是，这些一般人看不到的场景并不是罕见的传奇，而是平常到一日三餐的生死剧目。

今天早晨我看到的这只小豆娘，应该是刚刚羽化，身体娇嫩，翅膀还很柔软。它不小心，撞上了蛛网。还好，蜘蛛在昨夜的大雨中不知躲到何方避雨，没有及时捆绑豆娘。豆娘柔弱的小腿极力挣扎，想摆脱蛛网的束缚。半夜的雾气凝聚在蛛网上，结成了一串漂亮的露珠，一直排向右上方，有二十多颗。

这对我来说，是难得的微距美景，然而对豆娘来说，却是生死攸关的时刻。它不定有多么恨我：你不解救我的生命也就算了，却还在欣赏我死前的痛苦。那不是什么珍珠，那是我的眼泪在飞。

还好，由于我的靠近，小豆娘大概感到了双重的威胁，翅膀一抖，蛛丝断了，它跌落到了下面的草丛中。

祝福它死里逃生，能享受今天的艳阳。

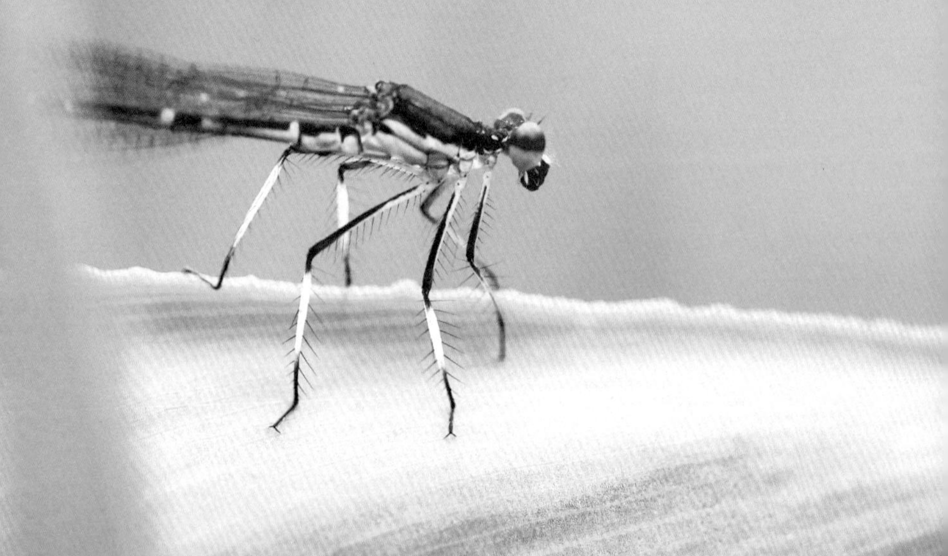

“小狐狸”的选择题

蜘蛛以结网和使毒捕猎而声名远播，至于其他方面，人们知之甚少。其实，蜘蛛种类太多了，林子大了什么鸟儿都有，蜘蛛多了，奇葩也就多了起来。我曾经问过不少朋友：你们猜，这个世界一共有多少种蜘蛛？大多数回答：几百种吧，也许能上千。当我说出有四万多种时，他们无不惊讶。

最近，我发现有一种蜘蛛，竟然会巧妙地隐身。这种小蜘蛛，我已经见过好几次了。最初是在兰花大世界的门口，拍得不太清晰，只是感觉那一串包装好的猎物排列整齐，很好玩儿。蜘蛛捕到猎物，吃不完，要用丝线包裹严实，算是储藏，以备不时之需。一般就在蛛网上随意地放着，没必要这样排队。后来再看的时候，发现另有玄机。它存储的那些猎物，从外形上看根本就不像昆虫，看外层包裹的蛛网的颜色，有的已经很陈旧了，像经过了长时间的风吹日晒，便觉另有蹊跷。再细看小蜘蛛歇息的位置，跟它们呈一条直线，恍

然明白：它是借此隐身。

想想，它其实给猎物和猎手出了一道选择题。几个灰不溜秋的小球再加上灰不溜秋的自己，排成一条直线，这是小蜘蛛原创的试题：请选出不同类的一项。它的网子有我手掌大小，它本身也就一个小黄豆粒大小，又是在草丛或灌木中，一点也分不清，你很可能选错。有的小蜘蛛把伪装物小心翼翼地排成一根干枯的小木棍儿的样子，自己呆在最下端，让你很难判断它的位置。还有一只，把伪装物排成了V字形，似乎更方便隐身。

它的身体那么小，而它的每一个器官比它的身体更小。我都看不清它的头部，它能有多大的脑容量呢，大脑中也该有血管和神经相互连接吧，那该是多么细小的丝线。接连想下去，想得我头昏脑涨。但是，它却想出了这样的隐身招数，我如何能猜透它的心思。

它虽小，但是已经把这个世界看得明明白白。猎物要隐身，尽量不让自己成为猎物。猎手也要隐身，这样猎物不易发现自己，猎杀成功率更高。况且说，换个角度，猎手也是猎物。在广大的自然界，谁也不敢说自己是永远的猎手。

这次我虽是手持相机，没带三脚架，光线也不是太亮，但我下定决心，非拍清不走。到拍清了看，让我又一次目瞪口呆，惊讶万分：它的背部有生动的图案，耳朵、眼睛、嘴巴……一只漂亮的小狐狸！你再看啊，你细看，看准了啊，那耳朵是立起来的，可不只是一个简单的图案。而且，一只眼睁着，一只眼微闭，像是和我开玩笑，一副轻松滑稽的表情。

它这种隐身，不知骗过了多少猎物和猎手，不知多少代，不知多少年，才呈现出这样一副得意的表情。被我们忽略的世界，真正的如黑夜般无边无际，它们的精彩如宝藏般被寻常的生活湮没，就看你能不能找到藏宝图了。

这个小蜘蛛，太好玩儿了，太神奇了，我甚至喜欢上了它：你这个狡猾的小狐狸。

我发现了蜘蛛侠的大本营

金蛛体型硕大，花纹艳丽，不常见，偶尔拍到一只，会兴奋半天。在网上我看到，不少人拍到金蛛，都能成为当地媒体的新闻。而这一次，我在不大的区域，发现了十几只。这里，像是蜘蛛侠的大本营。

这个地方在一座大桥的建筑工地旁边，深不足 1 米，宽不足 2 米，长度有 20 多米。一个临时的自来水龙头立在沟边，可能在不知节约用水人的手下，会有漏掉的水流到沟底，因而这里显得比别处水草丰茂。早晨我拿着相机很盲目地来到这里的时候，根本没有料想到这么寻常的一个地方，竟是世界知名侠客的训练基地。

最先在西面发现了一只，像基地头目。那个巨大的蛛网几乎把整个沟渠拦腰截断，它盘踞中央，对我的到来视而不见听而不闻。它太自信了，不像其他小动物一样稍有风吹草动便逃之夭夭。这个蜘蛛侠的面具线条丰富，白黄黑三色交错，目光深沉而锐利，一派侠客风范。八条腿上满是纤毛，上面色彩也很丰富，呈环节状分布。螯肢竟然是鲜嫩的黄色。

往沟渠里面走的时候我小心翼翼，它们的网络四通八达，稍不注意你就会触碰到它们设置的信息传导线，那是用来预警的。它们的猎网上一般都有二到四行大写的英文字母，与它们的腿平行排列，我猜想是它们各自的网址，神秘莫测。也许都在学英文，沟通需要，它们可是世界级的侠客，不会英文怎么行。

它们虽都是蜘蛛侠，但大小有别，脸谱上的纹路和颜色也各不相同，显示出它们的个性风格。有一只，远看，呈“乔丹上篮”的造型，以为是奇异的品种，近看，原来它少了两条腿，想是哪次仗义行侠时受了伤，但看那姿态，依然威风凛凛，是拄着拐杖也要上战场的英雄。

我在这里拍了两个多小时，简直是惊心动魄。大自然竟然创造出这么杰出的生命，隐秘，不动声色，但又丰富精彩，出类拔萃。不少人害怕蜘蛛，对奇异的蜘蛛更是敬而远之，它们张牙舞爪的样子让人心生畏惧，夸张的色彩也是不怒自威，化学武器更是让人闻之色变。但很少有人从生命的角度崇拜它们的奇异和伟大。我总是一次次为那些人感到遗憾，他们还没有走近蜘蛛就

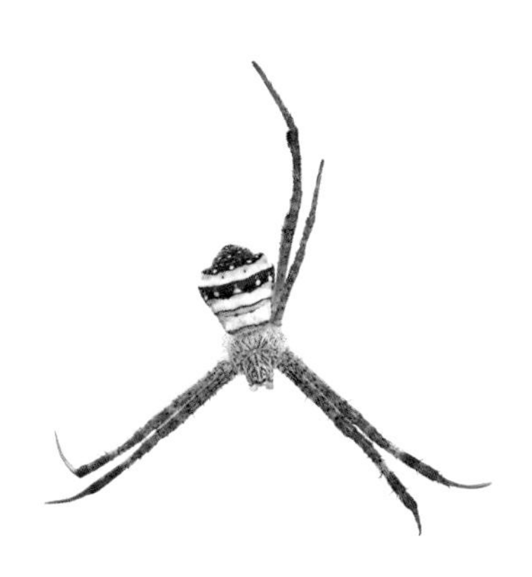

拒绝了它们，更谈不上欣赏了。他们错过了自然界好多次精彩绝伦的演出，而且浑然不觉。从和人的比例看，蜘蛛太小了，简直微不足道，但我总以为这是上帝顾及了人类的面子，没有让蜘蛛的身形和人类比肩，不然，它们浑身的本领一放大，人类就会威风扫地，无地自容。

感谢漫威，创造了“蜘蛛侠”的艺术形象，功劳不小，他们以独特的视角让人们重新认识蜘蛛，让不少人对蜘蛛有了一些好感。只有一点需要更正：那些神勇无比的蜘蛛侠都应该是女侠。在蜘蛛的世界里，雄性身形小巧，与雌性简直不成比例，它们活得小心翼翼，甚至胆怯猥琐，常常是在雌蜘蛛的大网旁织一张小网，捕一些小飞虫勉强度日，按常理大概不会有行侠仗义的壮举。

见我来回寻找并拍摄，一个放牛的老汉过来问我干什么，我说就拍这个蜘蛛。然后问他哪里多，他说季节不对，要在稻子成熟的时候，谷仓旁，那才多呢。我自以为知道基本的生物学常识，便提醒他鲜艳的蜘蛛有剧毒，很厉害，要小心。

没想到他说：厉害什么，哪里有毒，我们经常捉来炸着吃。

一滴水的困局

几年的虫子拍摄让我积累了一些基本的经验，例如，如果你接近了一只虫子，而它出奇的老实安静，肯定是有原因的：可能是在进餐，可能是热恋，可能是病了，可能是睡着，可能是受伤，可能是遇险……没有哪一只虫子无缘无故地让你近距离观察和拍照，它们知道自己几斤几两，它们更知道人类的凶险。

豆娘漂亮，上镜，但看多了也容易产生审美疲劳。那天，我面对一只豆娘的时候，发现它的嘴巴和眼睛都与众不同，像一条鲶鱼？像一只小狗？平时它们只有大小和颜色的差异，这只怎么了？莫非是个变异的品种？这太让我好奇了。但在相机上放大细看才知道，它的脑袋沾上了一滴水，是水滴的凸透镜效果，才使它怪模怪样。

就这么小小的一颗露珠，就使小豆娘无暇他顾。想想，太正常了，这滴水约等于它头部的大小和重量，要是飞起来，头部肯定要下坠，还有可能，严重影响了它的视力和呼吸。现在，它最重要的事情就是摆脱这一滴水的困扰。我侧着看，能看到它不时用前腿撕扯那滴水。但此时的水黏稠如胶，它的纤纤细腿对此无能为力。一条前腿用力无果，两条腿同时用力撕扯，还是不成。小小的一滴水困住了这只食肉的昆虫。

水是生命之源，任何生命都离不开水，包括人，这是常识。但水能载舟亦能覆舟，也是常识。每年的雨季，毫无例外，都有洪涝灾害发生，不发生在此，就发生在彼。可叹的情景是，这里洪水滔天，而那里却赤地千里。都是因水而愁。

那次看记录频道，讲一个地方虽是沙漠却生机勃勃，原来面海的部分没有高山的阻挡，海上的潮湿空气可以长驱直入，长期以来，那里的动植物学会了利用那宝贵的水气。我看到，一只甲虫面向雾气吹来的方向，翘起屁股，以便让自己的身子更大面积的拦住这空气中珍贵的水分。雾气逐渐凝聚在它光滑的甲壳上，又缓缓向下滑去，最后聚成一

滴，流到嘴边，甲虫开始畅饮。还有一种蜥蜴，竟然靠自己的眼睛来收集水气，再用舌头舔到嘴里。想想，那里的水，该多么珍贵。

江南自然不缺水，不用下雨，普通的一个无风的早晨，很多时候草尖上到处是亮晶晶的露珠。对大动物来说，露珠是水，对小到以毫米计的虫子来说，水就成了糖浆和黏胶。我只是在纪录片和书中看到过生物学家这样说，后来有一天早晨，我又在草丛中看到了这一幕。开始我以为是水滴里有杂物，后来细看原来里面有一只小甲虫。它左冲右突，上下爬行，但那滴露珠如影随形，露珠的表面就像一个玻璃缸，它被困在了水的监狱里。我用手指轻轻一碰，水沾到了我的手上，小甲虫可能深感意外，愣了一下才回过神来，慌慌张张地爬到了草丛里。它大概会长舒一口气：差点憋死我，好险啊！

一滴雨，一颗露珠，只有人的泪珠和汗滴大小，这让人面对它们的时候从容不迫，甚至，可以闲适地欣赏。设想，不用太大，假如雨滴就如人的脑袋大小，下雨的时候，无数足球大的雨点从天而降，雨伞形同虚设，家里和汽车的窗玻璃被砸得“咚咚”作响，随时有破裂的危险，人还从容不迫吗？人还有观赏之心吗？人也一定会像小虫子一样恐慌起来吧。

但自然没这样安排，这其中大概有上帝对我们人类的恩典。

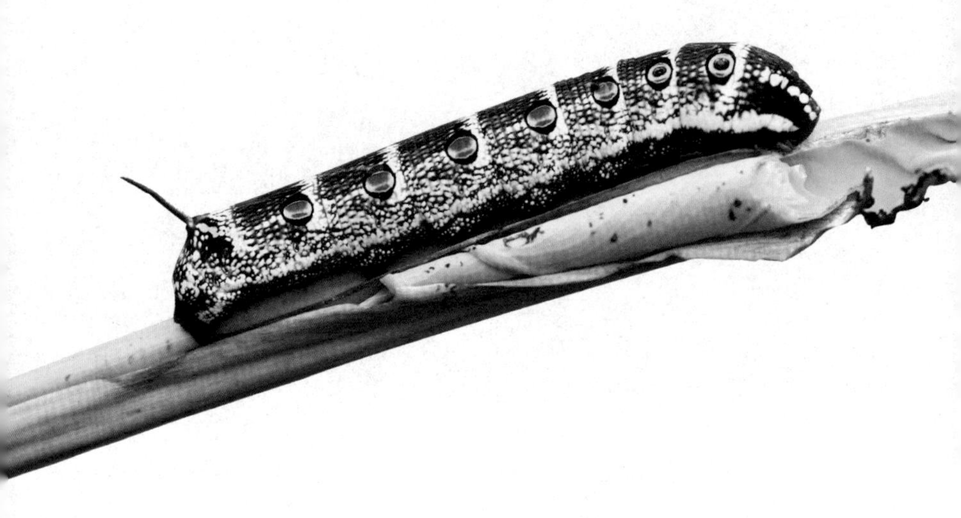

虫年

到农民的菜园子里拍照，发现一只美丽的虫子也不是一件容易的事。虫子是蔬菜的敌人，自然也是菜农的敌人，他们会想方设法让虫子远离，或者干脆斩尽杀绝。

但那天，我却在路边的黄豆、芋头、青菜等好多农作物的叶子上发现了大量的虫子，不少植物已经光秃秃了，有些芋头如荷叶一般的大叶子被啃得只剩下稀疏的叶脉。虫子大部分是灰黑条纹的那种，吃得圆滚油亮，一副脑满肠肥的样子。我问一位正在给生菜浇水的老婆婆，怎么这么多虫子？她说：谁知道？喷药都不管用，今年大概是虫年。

虫年？我只听说过羊年马年虎年龙

年，虫年，我还第一次听说。面对小小的肉虫，农民也有这样无可奈何束手无策的时候。农药刚一出现，就有不少专家担心，过量使用农药会适得其反，虫子产生抗药性之后，很难杀死。一种农药只要杀不死所有的虫子，剩下的将成为打不死的“小强”。大量农药的使用，一时杀死了虫子，但也杀死了虫子的天敌，虫子不但没少，反而会变多。是不是，专家的担心已经成了事实？今年，这里的农民都有点绝望了，他们遭到了报复。

有些人太小看虫子了：行动缓慢，没有盔甲和翅膀，杀死它们，还不易如反掌吗？现在看看，这个想法太天真了。而且，人类的大脑进化到现在如此高级复杂的程度，欲望也逐渐膨胀到快要爆炸的地步了，不知道自己拥有的上帝的本事，

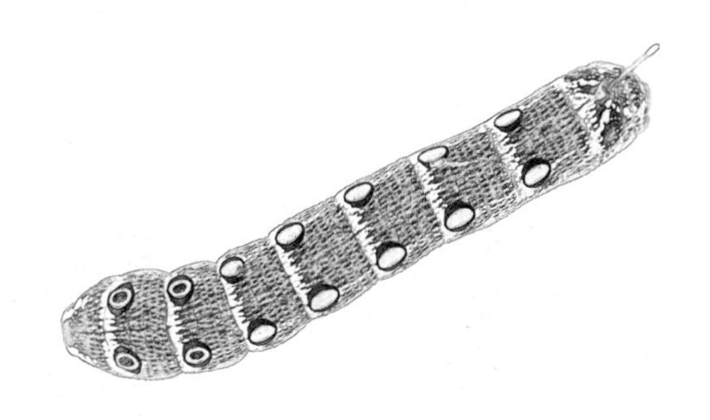

其实也可以成为魔鬼的法术。花色繁多的农药杀不死虫子，但会残留在植物的果实和叶子上，最后被人类吃掉，说得直接一点，人类在自杀。更为关键的是，我们还不肯把虫子看成是和我们平起平坐的生命体。我喜欢罗尔斯顿创造的“生命流”这个词，生命不只是当下的存在，它们如河流一样源源不断，我们与所有生命体都来自洪荒远古，携带着神秘的生命信息。杀死一个物种，哪怕是在我们看来微不足道的蚊虫之类，那些我们还未完全解读的信息就从此全部消失，万劫不复。说的功利一些，喷上农药的虫子会被鸟儿误食，长此以往虫的天敌——鸟儿也便难觅踪影。这真的是一件费力不讨好，也太鼠目寸光的事情。

那一大片芋头上的虫子都可以用密密麻麻来形容了，但我在那磨蹭了不短的时间，却没有看到一只鸟儿来觅食。我倒是发现了一些奇异的虫子品种，其中有一只，巨无霸，而且色彩艳丽到妖冶，花纹繁复如蟒蛇，身上还有两排大眼睛。我不知道它是因为农药而变异，还是少见的夜晚才登场的华丽蛾子的幼虫。细看这些虫子，无不有着美丽的花纹和斑点，只是有的鲜艳，有的黯淡，虽然有不少人恶心，但我知道，虫子的每一根纤毛每一个斑点都不是随意而为，那都是为了适应环境而进化出的杰作。

虫子们赢了吗？我不敢说。我更不敢幸灾乐祸，也不能成为一个局外人。虽然我举着相机，早就忘记了锄头的分量，但我深知农民“汗滴禾下土”的辛苦。虫子有了不起的地方，但大部分农民还是要靠庄稼和蔬菜活着，我热爱着他们的淳朴善良，也无奈着他们的无奈和苦涩。

如何两全其美呢？怎样达成共识呢？我是希望人类放弃虚荣，承认我们的无能，越早越好，这样我们还不至于颜面扫地，在虫子面前保留最后一点自尊。

那样的话，今年是虫年，明年就是蛙年了吧？后年呢，该是鸟儿年了？若干年后，鸡年狗年，鼠年蛇年……直到山清水秀，蓝天白云，鸟语花香，莺歌燕舞，一切又恢复到自然本初的模样。

过了几天，我又在附近拍到了一只樟青凤蝶和一只金凤蝶，不知是哪种虫子变蛹后羽化而成。虫子死光了，我们就再也见不到花朵一样的蝴蝶了。

用三亿五千万年做一件隐身衣

今年的春天忽冷忽热的，早穿棉袄午披纱，吹着空调吃香瓜，有人戏称：人家昆明是四季如春，我们这里是春如四季。大概虫子们在暗处也犹豫不决，不知道是继续等待好还是出来活动好。都 4 月中旬了，我在野外转悠，依然找不到我喜欢的拍摄对象，就看见了几只蚊子和蜗牛。

太阳都刺眼了，我决定收起相机回家，这个早晨，只能权当是散步遛弯儿了。

走到路边绿化隔离带，看到一丛红叶石楠，新鲜艳丽的叶子泛着油光，我不由得多看了一眼，真巧，又一次看到了它的容颜。有一片叶子在动，我悄悄转过身去看，是一团干草样的东西，但在轻轻移动。

想起来了，是蓑羽蛾的幼虫，去年初秋在湿地公园看到的，没错，肯定是。这么早就出来了，这身乞丐服大概保暖效果不错啊。

你没见过这种虫子绝对不会相信，蓑羽蛾的幼虫一辈子就在这里度过，这种伪装不知骗过了多少天敌和人的眼睛。据说，它由卵孵化出来之后会吐丝织成一个袋子，然后利用丝线的黏性就地取材，随便粘上什么草叶草籽渣滓颗粒等等做一点装饰，目的是伪装起来，与美和艺术无关。但这是一件档次相当高的隐身衣，很多动物包括人梦寐以求。

当你再想，它不过是一只小小的肉虫制造而成，就该佩服它奇特的心思。与众不同，匠心独运，想出这样一连串类似的褒义词给它，但怎么说都不为过。你再想，它们有学校吗？有培训班吗？为什么那么小就会这项本事？生物学家常常说这是本能，以前我深信不疑，可现在我知道了，那是他们对生物中的奇异现象解释不清时的借口。本能是怎么来的？是不是比后天获得的技能更高级？再问下去，他们就会更加尴尬。

我在旁边静静地看它进餐，速度很慢，只看到这团“干草团”轻轻移动，被吃的叶子的缺口逐渐扩大，但是我一点也看不到它的庐山真面目：它隐藏得太出色了。

巧的是，又过了两天，我去生态园拍照，发现鸢尾的叶子上一只蓑羽蛾在大快朵颐，大概是它太饿了，或是这种食物对它来说太甜美了，它吃得酣畅恣肆，吃得得意忘形，竟然忘记了隐身，让我在一侧看到了它的身子，原来，它和普通的虫子也没有什么区别。我想去另一面好好拍摄，却不小心惊动了它，它瞬间就缩回去了。我上前细看，它还做好了保险，一根丝线粘在叶子上，没有了腿的支撑，吊在那里随风晃荡。

真是心思缜密的一种小虫子，让人为自然万物的奇妙而感叹，这里面既有顽强生存的智慧和谋略，也有行走江湖的艰难和凶险，还有辛酸和无奈。这身破破烂烂的隐身衣，肯定藏着惊心动魄的故事。

这身隐身衣，它大概用三亿五千万年才制作出来，如此一想，不禁暗自惊诧。

世界上所有的夜晚

这大概是我拍摄昆虫微距以来遇到的最巧的事了。

我对准了一只菜粉蝶，拍了一张逆光，主体偏暗，准备换一个角度的时候，我看到不知名的一只小虫爬上了菜粉蝶的触须，很慢，腿分立在两根触须上，像一个人在玩双杠。

菜粉蝶的触须，一节一节的，有花纹，顶端稍粗，像小鼓槌，那是它精美而灵敏的信息接收器，可以感知空气的流动，温度的变化，收集异性释放的信息素等。小虫的这一举动，无异于太岁头上动土，我以为会使菜粉蝶大怒，晃动触须，一下子把小虫甩到一边儿，或是以为大难将临，奋翅而飞。哪想菜粉

蝶毫无反应，任由小虫爬到触须的顶端，再慢慢爬下，经过它的眼睛、前腿，爬到草穗上，然后到其他地方去了。

这是为什么？

想起了刚才看到的另一只菜粉蝶，拍摄位置很好，但背景却有一根芝麻秆，我用脚悄悄地把它踩歪，没想鞋子一滑，芝麻秆突然弹了起来，碰到了菜粉蝶停靠的植物。菜粉蝶也是没飞走，而是被惊落到了地上，胡乱爬行。前年深秋大雾，还拍到了一只浑身缀满露珠的蜘蛛，我离得很近，甚至触碰到了它栖身的地方，这个平日里身手十分敏捷的昆虫杀手还是一动不动，我以为它气数已尽，命归黄泉，哪知两个小时后我再回来的时候，它已经在两根草杆间认真仔细地结网。

我还在初冬的早晨看到类似的一只蜻蜓，它缀满细小露珠的翅膀在晨光的照耀下熠熠生辉。我不断变换着角度拍摄，甚至把它身边几个杂乱的叶子轻轻剪掉了，它也一点没有飞走的意思，我还以为它已经完成了涅槃，只是趴在那里保持一个飞翔的姿势而已。但不久，它便翅膀一抖，灵巧地飞走了。

气温合适，就会出现这样的情形。太阳隐没了，夜色渐渐笼罩了整个世界，寒凉也在悄悄聚集，雾气慢慢凝结，在植物的叶子上，也在昆虫的身上形成千百颗珍珠一样的露滴。端着微距镜头的我最喜欢看到这样的场景了，哪知这珠光宝气的装束对昆虫却是

一场生死考验。

把这些片段联系到一块儿，我这才大致总结出，它们都是冷血动物，没有从外界获得足够的热量，也只能静静地等候，等候太阳升起，等候朝阳照到自己的身上，等候麻木的肌肉舒缓过来。凶猛的鳄鱼竟然也是这样，我在“人与自然”的节目中看到过。

那么，要是天敌在夜晚袭击它们的话，它们也只能束手就擒了。是不是可以说，它们的每一个寒凉的夜晚都是一次不可预知的劫难？

是的，对生命而言，都是这样，既然是生命，就都有脆弱的一面。既然脆弱，就难以预料生命的明天，甚至下一刻，下一秒。既然未来没来，那你就永远不知道未来的样子。美国有一个系列电影叫《死神来了》，看得我心惊肉跳，甚至疑神疑鬼，似乎周围的一切物件都可能是死神，静默之中暗藏杀机。

有太多这样活生生的现实摆在人们的眼前，所以有一个词叫“无常”；有一个词叫“劫数”；有一个成语叫“在劫难逃”。

原来，我们的每一次出门，都是单身历险；任何生命的每一个夜晚，都苍凉如水。

抓住你手中的这一秒吧。

上帝的信使

水泥柱子上有一片绿色的“叶子”，蜷曲着，我一看就激动起来：这是樟青凤蝶的蛹。要是叶子，它怎么能挂在光滑的水泥柱子上；要是叶子，离开树木，它怎么还会是鲜亮的绿色。

我几乎是屏住呼吸，细细观赏。这片蜷曲的“叶子”有叶柄、叶脉，颜色浅绿，如果在树上，任你再好的眼神也分辨不出。我在心中不住地赞叹造物主的伟大，也因这些只有谜面没有谜底的神奇而更加疑惑。如何进化出的？为何如此精巧？上帝收去了它们的声带，让它们沉默不语，严守机密。

它可能是在树上玩耍，一不小心落到了地上，还好，没有受伤。但头有点晕，它想重新顺着树干回到原地，哪知把水泥柱

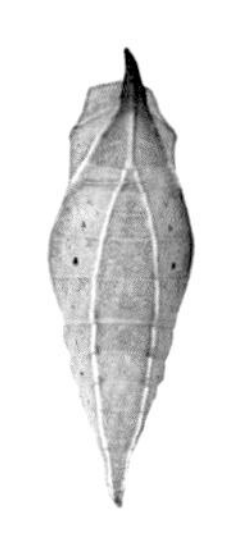

子当成了笔直的大树。它那么矮，肯定不能高瞻远瞩，也只能艰难爬行，水泥柱子平坦光滑，可不像粗糙的树皮爬起来方便。它用柔软的肉足费劲地爬了半天，也还不到两米，但体内的信号告诉它，化蛹的时候到了，它只能按程序来完成这项生命的仪式。它先吐出一些丝，黏在柱子上，做成了一个小垫子，然后用尾棘勾住。还不保险，羽化的时候是要振动身体的，它又吐出一根丝，先黏在柱子上，然后慢慢绕到自己的背后，再回到柱子，黏牢，这才开始化蛹。

还好，这片叶子的造型帮助了它。此处虽然人来人往，但大概没有几人注意。柱子上有片叶子！路过的人看到了，有一点奇怪，但也没多想，好多人就这样匆匆地从它身边过去了。它大概心中窃喜。

也许，不是这样，它在树上隐身得太完美，没人发现，就像捉迷藏一样，藏太久不被发现也实在寂寞，便暴露一点，告诉对手：我在这呢。可依然没人发现，它感觉实在无聊。

我几乎每天都去看它，希望能看到它羽化的场面，但没有。一周了，我看不出一点变化，让我着急，也有点担心：是不是离开树木，它就失去了羽化的条件？可过了个周日，我再去的时候，它竟然没有了，连壳都没有留下，无影无踪，干干净净，我都怀疑以前见到的虫蛹的真实性，也许，那只是大卫的一个漂亮的魔术。

樟青凤蝶肯定知道真相，但羽化之后，飞走了。有了翅膀，天地就广阔无边了；有了翅膀，就成了天使的模样。它展开的双翅，我怎么看都像是写给人类的书信，虽只有两页，但密密麻麻，有花边有插图，说清了所有的秘密。只是，没几人去看。其实，看了也没用，上面都是密码，是真正的天书。

从电脑中翻看我以前拍的照片，原来我拍到过樟青凤蝶最美的模样。有一只，还在雨天飞到了我办公室，落在了窗帘上。它青绿色的斑点在翅膀中间，由大到小整齐排列，翅膀的下端还各有四个大雁一样的条纹，呈人字形，完美对称。

樟青凤蝶在花丛中翩翩飞舞，反反复复绕来绕去，似在寻找合适的地址，它为了防止误投不辞辛劳。我可以肯定，它一定是上帝的信使。

一切都是最好的安排

发生在昆虫身上的一些事情，有些听来就是天方夜谭。

例如苍蝇，它的后翅蜕化成了两个小鼓槌一样的东西，叫平衡棒，能与翅膀反方向振动，每秒达300次左右，前端有感应细胞，能把接受到的信息传递给大脑，大脑再发出相应的指令，能平衡飞行，帮助翅膀调整飞行姿势。进化的路途尸横遍野，任何生命都不会做无用功，每一个部件都不是可有可无。后来科学家据此仿生，发明了振动陀螺仪，用在了火箭和自动驾驶上。有一次我拍食蚜蝇，放大照片，真的看到了这小小的平衡棒，让我对造物主的安排惊讶不已。“谁能想到，我们可以从微小又不讨人喜欢的苍蝇身上学到这么多知识呢？”

好多次拍大蚊的时候，也是只注意到了它的大长腿。我不知道它为什么会有那么长的腿，只是它在草丛中飞来飞去，也十分灵活。它停在草丛中，一般是挂着的姿态，恩爱的时候也是如此，与众不同，我喜欢拍它们。当时我并没有注意，后来翻看的时候发现了那一对十分清晰的平衡棒。也许，大蚊那么灵活地在草丛中飞行，躲避我的跟踪，靠的就是这对平衡棒。蚊子和苍蝇只剩了一对纤薄的翅膀，但有了平衡棒的协调，依然动作敏捷，很难捕捉，进化的精巧永远

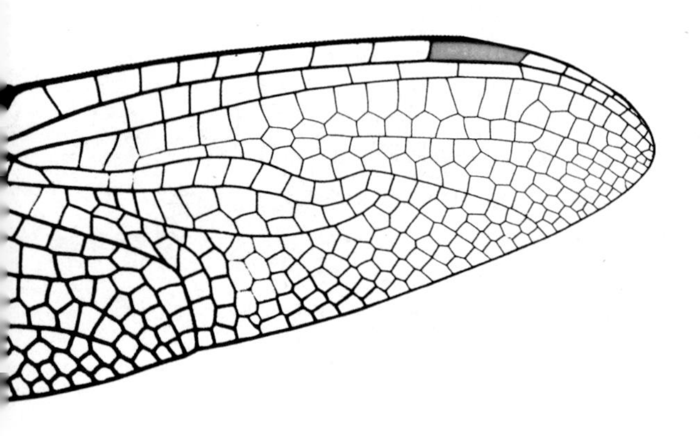

让人意想不到。

人类的好多发明并不神奇，有的只是山寨了自然而已。在航空史上，飞机由于剧烈振动而时常发生机翼断裂，虽不断加厚并挑选更加结实的材料，但灾难依然时常发生。后来有生物学家研究蜻蜓，发现它们翅膀的前缘有角质加厚形成的翅痣，就是蜻蜓飞行的消振器，能消除飞行时翅膀的振颤。飞机设计师据此模仿，在飞机的两翼各加一块平衡重锤，不断改进，这才解决了机翼断裂的问题。

这是蜻蜓多少万年前就解决了的问题，人类研究出来才百八十年，还是受了蜻蜓的启发。这样一对比，再看到蜻蜓的时候，我总是投去敬佩的目光。

更让人类自愧弗如的是，在昆虫中这样精巧的设计司空见惯。如姬蜂，细长的腰，细长的腿，还有细长的触须，尤其是那根产卵器，就会让看到的人毛骨悚然，竟然比它的身体还长，那可是普通的蜂蜇针的位置。

我只拍到过一次，当时不知道它就是姬蜂，见它在桦树干上，造型奇特，就拍了。后来才知道，那是它在产卵。而且，它用长针管一样的产卵器慢慢刺穿树皮，找到树皮后面隐藏的虫子，把它麻痹，然后把卵寄生在上面。这是很有技术的活儿，隔着树皮就能探测到里面隐藏的虫子，而且使毒不能多，多了寄主就死了，当然也不能少，少了没效果。它要保障寄主不

死又不能动，让自己的孩子吃到比冰箱保鲜效果还要好的食物。它的孩子竟然神奇到也懂得这一点，先吃寄主的非主要部位，让寄主尽量长时间给自己供应新鲜食物。

我不知道，还有多少我们不知道的昆虫，还有多少我们不知道的技能，还有多少我们不知道的智慧……我们还没有发现呢。而且，有些，就在我们眼皮子底下。

“扫地恐伤蝼蚁命，爱惜飞蛾纱罩灯”，以前总认为只是佛教徒的行为，现在我想，这应该是人人该有的一种态度。尊重爱护这些生灵吧，没有一种不精致，没有一种不伟大，每一种生命都是造物主的杰作，它们的每一个部件都非同凡响。

了解它们之后便不由赞叹：原来，一切都是最好的安排。

正是天凉好个秋

节气进入寒露后，我变得越来越焦急，只是没有几个人理解我这种不安的心情。

天气一天比一天凉，那些小虫子们会以各种方式消失近半年的时间，再不拍就来不及了。

感觉变化好快啊，那片高粱，前天还好好的，秸秆挺拔，穗头紫红，叶子上布满了五彩的斑点，今天再去，齐刷刷被砍倒，脑袋也不见了；那片草，从春绿到了秋，我喜欢到那里拍照，色彩温润而干净，这几天，好像一下子就干枯了，一片灰，一片黄，看着就难受；大豆也收割干净了；几乎各种树的叶子都不再葱绿……

这是四时的更替，不可抗拒，但无房无衣的昆虫的处境还是让人感觉楚楚可怜。寒凉如水的早晨，它们都变乖了，我接近仅有的不怕冷的几种，它们不再那么快地飞走，它们不再急匆匆地跳开，以至挪动身躯都显得艰难笨拙起来。甚至，我的手指接近它们，有的不逃，反而爬上来。也许，它们被冻得神经麻木，不能确定我是不是危险的敌人；也许，它们感觉到我的手指是一处温暖的所在。反正，它们像被我施了魔法一样，竟然爬到了我的手指上，赶都不走。

在这个寒冷的早晨，我手指温热，有纹路，它们落在上面，一定舒适，而且可以轻易站稳。这是它们在野外不可多得的落脚点。

真是传奇一样的场景，我真的和它们零距离接触了，我轻易实现了梦寐以求的愿望。我像一个它们可以依赖的朋友，我像一个手法高超的魔术师，我像一个身怀绝技的摄影人，我就这么简单地超凡脱俗了。我把照片向朋友们嘚瑟的时候，引得他们一阵阵惊叹，认为我是奇人一个。

我焦急的原因还有一个，就是这个季节，日出前后那段光线最美的时段几乎无风，而且差不多每天都有露水。露珠虽不是珍珠，但点缀在昆虫身上，散布在它们周围，就能使寻常的昆虫变得奇异起来。

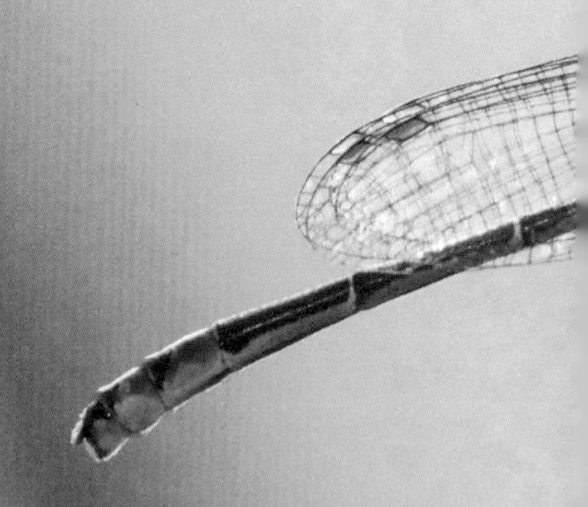

你去看看吧，那一片草叶就是钻石大道；土里土气的蚂蚱也因为露珠的点缀而华贵起来；豆娘旁边的露珠折射了晨阳的光芒，像它自家的宝箱打开了盖子；蜘蛛用来育婴的那个小粽子上也落满了露珠，让人不敢触碰；蛛网就不用说了，蜘蛛独处其中，沉稳静默，像个批发珍珠项链的富商……

抓紧吧，虽然短暂，但还有美景，别浪费了你的视力。

没几天，树叶会飘落，草木会凋零，一条虫子也看不到了。大地被农民收拾干净，野外安静下来，一片沉寂，开始孕育下一个热闹的春天。

寻常而伟大的 那几片枯叶

到野外拍摄，我越来越不相信自己的眼睛了。明明是一朵花儿，一会儿，飞了；明明是一片叶子，突然跑了。那不是一条虫子吗，走近看，原来是一段嫩芽；那黄里带黑的浓密如貂皮的绒毛，原来只不过是一个果荚的外皮……

它们这都是怎么了，这样真真假假，虚虚实实，不厌其烦进行仿真竞赛，是在和谁斗智斗勇？

你初看可能感觉好玩儿，细想却会赞叹它们的伟大。对，伟大，这个词可以给它们用，而且一点儿都不带夸张。

那只菜粉蝶，淡黄色的翅膀上有纹路也有斑点，停在细小的榆树枝上，远看就是早衰的叶子。我拍下来，在电脑上给朋友看，他们开始有些疑惑：拍啥？小树枝也值得拍？我说：细看。还是不知所以。当我把那片黄叶放大数倍的时候，他们几乎异口同声，长长地“啊”了一声：原来如此！

在自然中，这其实再寻常不过了，只是，你看不见。那次在小公园里，吸引我眼球的是秋末的月季，明黄深紫，鲜红纯白，从春到今盛开不断。在秋末，一点儿也不输菊花，人们倒习以为常了。想着这些的时候，我眼角的余光感觉到旁边折断的香樟树枝上有一片叶子有些异样，再看，也不过是褐色的干叶，以为是刚才有微风轻拂。再看月季的时候，它又动了，不似风吹，我才又凑近观察。这次吓得我倒退了两步：是只蛾子！我从未见过的品种。蛾子一般在夜间活动，不知为什么它在白天现身。身子、翅膀、腿，甚至眼睛，都是和香樟枯叶一模

一样的颜色。好完美的模拟，又是造物主的一件杰作！让我好生佩服，五体投地也不为过。

江南的初冬，虽不像北方那么冷，但早晚也可用寒凉来形容了，再有西风吹来，就逐渐有了刺骨的感觉。这对没有御寒衣物的昆虫来说，应该是一段艰难的日子。可是豹纹蛱蝶似乎不知道要做好过冬的准备，在很多昆虫都隐身不现的时候，它们还在草丛和树木间翩翩地晃悠。翅膀展开，黄地黑点，远看真像一只小豹子。可它知道，自己柔弱无比，几乎没有任何力量抵抗天敌的侵犯。那天早晨我才知道，原来它的生存之道也是低调的隐身。

是在一小棵杨树上，我发现了这片干枯的叶子，怎么看都是破败的叶子，可它偏偏就是一只蝴蝶。翅膀的边缘有不等的锯齿，正像秋后的残叶。纹理，那不就是叶脉吗？后来它飞起来，现出了它一身豹纹衣服，这才暴露了它的身份。它一定清楚，自己没有铠甲和利爪，栖息不动的时候，就是摆上别人餐盘的美味，所以它双翅合拢，模拟枯叶。

它头朝下，两翅间呈现出一副张开的大嘴傻笑的模样，后翅上有一个白色的中括号一样的斑纹，像笑弯了的眼睛。

它瞒过了多少双犀利的眼睛啊，安然落在树枝上，是在漫长的进化之路上，不折不扣的胜利者，它有资格开心地暗笑。

提着灯笼草中走

虽然少见，但我也有七八次拍到姬蜂的悬茧了，可我一点也没有司空见惯的感觉。相反，它一次次让我更加心甘情愿地走近自然，愿意起早贪黑摸爬滚打，我不知道哪一处不起眼的地方会带给我意外的惊奇。我越来越喜欢平心静气地寻找那些微小的风景了，我知道，哪怕是一小片杂草丛生的洼地，如果细看，放下人类直立的架子，降低到能和它们平视的角度，或许就能发现里面生活着神奇的小生灵。

又是早起，要保证在太阳出来前到达我想去的地方。到了，却风大，草叶摇晃不息。只要一点点风，草叶就会跳起舞来，如果是拍自然风景，拍人物，这可以忽略不计，甚至是恰到好处，比如长发飘飘，衣袂翩翩。但对拍微距，却是不小的干扰。这是常见的遭遇，只是每次都不想空手而归。风一阵一阵的，趁风歇息的那一会儿，也可以拍两张吧；低洼的地方风小，那也许可以拍到漂亮的昆虫吧；那根伸到水边的树杈，也许是翠鸟的观鱼台，拍到它也不算白来一趟啊……

就这样，在微微起伏的草丛中，在碧浪一样的草叶间，我又发现了随风荡漾如秋千摇摆的姬蜂的小茧，一下子激动起来。这是第一次在草叶上看到它的身影。草叶多么柔软，那只小虫爬上来的时候肯定小心翼翼，快到草叶顶端，草叶就弯曲了，它决定在此“作茧自缚”。先吐出一根丝来，在草叶的背部粘牢，然后边吐丝边降落，感觉高度合适了，停下。这是我的想象，但接下来怎么织茧，我无论如何也想象不出了。我知道蚕结茧前会先找一个角落，或是柴草之类的支撑物，吐几根丝搭个架子，接下来呈 8 字形摇摆头部，慢慢成形。没有这些条件，姬蜂的幼虫怎么办？这个小茧还微微收腰呢！还有黑点做装饰呢！它哪里买到的墨汁？我想都不能想了。

这次巧的是，不知从哪里飞来一小片落叶，飘到此处，挂在了小茧的上方，做了绝佳的装饰，“小灯笼”多了一个遮雨的罩子。微风一吹，小茧便轻轻晃动，像草叶提着小灯笼在行走，那一片草因此亮了起来。

再放大细看的时候，发现那一小片枯叶竟然是小虫子的皮，哪只小虫子呢？很可能

就是化蛹前的姬蜂幼虫蜕的皮，这就更加不可思议了。

这是童话，还是神话？其实，就是实实在在的自然之景，我除了惊讶与敬佩，只能默默无语。

时隔不久的一次拍摄，我又在一株小高粱的叶子上看到了它的身影。晨光熹微，万籁无声，周围的一切都静止不动，好像都在默默等待一个奇迹的发生。太阳缓缓升起，也只是灯光师而已，似乎只是为了把它照亮，让它隆重出场。

想到这些艺术品一样的小茧只是一只几毫米的小虫所为，我总是心思茫然，不由低下头来，不知说些什么。

我的一位朋友说医院也开始文化建设了，把门诊部二楼的一面墙做了简单的装修，展出过一

些书画作品，也想给我的摄影作品做一次展览。我在给他介绍图片故事的时候，说到姬蜂的麻醉神技，他感觉和他们医院很切题：把这张放在主要位置，起名就叫“中深度镇静高手”。他感叹道，要是我们的麻醉师有这样的本领就好了。

朋友做所有的事情都认真而虔诚。最后他说，这个世界好多现象很难解释，若不是自然开示，我们会更加蒙昧。

寄蜉蝣于天地

它应该是蜉蝣，我不敢肯定。原来看过蜉蝣的照片，几乎都是侧面照。这只太小了，约等于蚊子，还不是大号的蚊子。这是一片寻常的草叶，一参照你就知道它的大小了。拍好，放大，我才看清了它的眉眼。

眼睛黑亮，背部淡棕色，是子玉老皮的的颜色，身子、腿几乎是羊脂玉一样，翅膀透明。而尾巴，约有它身体的三倍长。它刚刚羽化，在不停地扑闪着翅膀晾晒。

蜉蝣，因寿命短暂到朝生暮死而名闻天下，可我周围的人，几乎都没见过。我是第二次见，上一次竟然是在蛛网上。

还有这样的昆虫？一般只活短暂的一天。寿命长的，也不过活两三天。它在晨光中，大概是练习飞行，然后呢，释放信息素？寻找自己的爱人？恋爱，结婚，生子？真不好评价，可以说它一生太短暂了，也可以说它一生又太充实了。它的口器已经退化，羽化后不能进食，难道无所不能的上帝在创造它们的时候出现了失误？真是谜一样的昆虫。

第三次拍到一只绝美的蜉蝣，它两片翅膀的叶脉呈放射状分布，中间还有加固的脉线；尾巴尤其漂亮，修长，还有一节一节的花纹。它头部抬起，尾巴翘起，翅膀如帆，像船。我拍了两张，它就飞起了，但没飞远，也只是掉了个头，好像给我换了个姿势，让我拍另一面。拍好细看，它两面的眼睛不一样，显然，这只不透亮的眼睛是先天性疾病，估计是白内障之类的。也就是说，它的寿命短到一天，不能进食，而且先天只有一只眼睛有视力。好惨。我不知道刚才它飞起又落下是不是受了眼睛的影响。它是断臂的维纳斯。

后来又拍到一只蜉蝣，头大，像戴着一顶奇特的帽子。蜉蝣家族应该有很多品种。

比尔·布莱森在《万物简史》里，为了形象地说明动植物出现的地质年代，他把地球45亿年历史压缩成普通的一天。晚上11点过后，恐龙才迈着缓慢的脚步登上舞台，支配世界达三刻钟左右。午夜前20分钟，它们消失了，哺乳动物的时代开始了。人类在午夜前1分17秒出现。按照这个比例，我们全部有记录的历史不过几秒钟长，一个人的一生仅仅是刹那工夫。

古代神话中也有“烂柯”的传说，一人到山中砍柴见两人对弈便停下来观战，哪知到家后发现已是沧海桑田，物非人也非。不少故事里也有“天上一日，人间一年”的说法。

那么，假如神真的存在的话，他看我们人这种凡间的生灵，是不是也像蜉蝣一样呢？

苏轼就看到了自己生命的局限：寄蜉蝣于天地，渺沧海之一粟。哀吾生之须臾，羡长江之无穷。挟飞仙以遨游，抱明月而长终。知不可乎骤得，托遗响于悲风。

让故事继续讲述

初夏，飘着小雨，其实是很美妙的天气。但人似乎怕麻烦，外出散步要穿雨衣打雨伞之类的，公园里明显看不到几个人。昆虫呢，就一件衣服，一年四季几乎不变，它们早适应了风霜雨雪。小雨，不影响它们草丛中的生活，它们有自己的故事。

一小片叶子，尖端，有小虫探出头，起初我并没在意，以为是蜜蜂、马蜂、胡蜂之类。但拍了一张之后，一瞬间，感觉似乎是特殊的品种，像那次拍到的华丽的小天牛。再拍，细看，果然是。

转到另一面。我知道，最美的是它的背部，有细密整齐的凸起，反射着彩虹的光泽。

我慢慢拍的时候，发现它其实也有自己的事情。小雨，让它的节奏也慢了起来。让我欣喜的是，我看到它竟然能把腿弯到后背上。干嘛？把雨滴从上往下刮，像雨刷器，

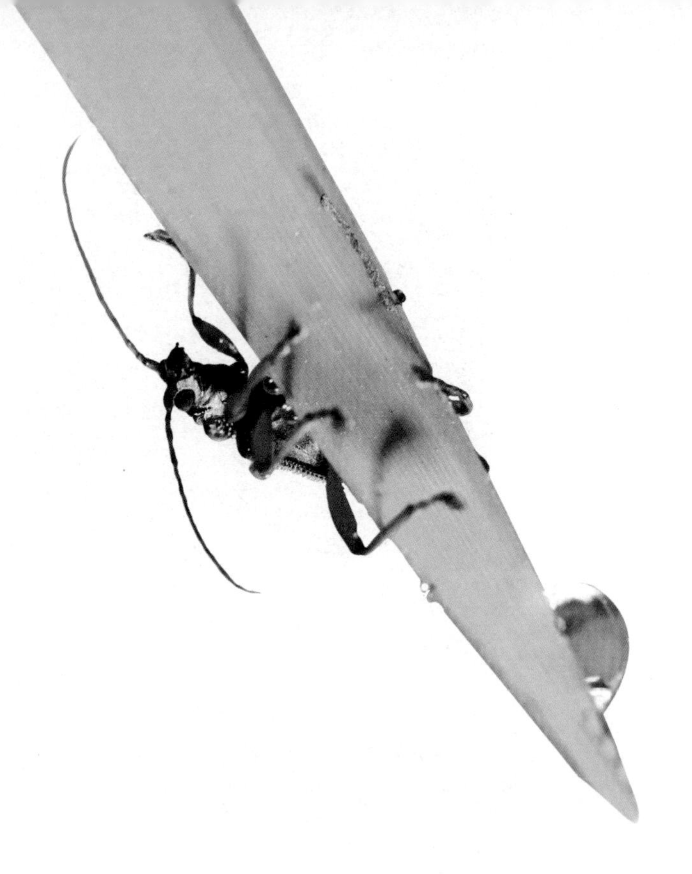

像在搓背。整理得差不多了，鞘翅抬起了一点，露出了一点膜翅，它想飞了。也许是我影响到了它，也许它本来就想看看小雨中湖那边的风景。

连起来，像一个故事：

世界那么大，我想去看看；

细雨不算小，哪也去不了；

何妨定下心，小雨好洗澡；

折腾整半天，让我擦擦汗；

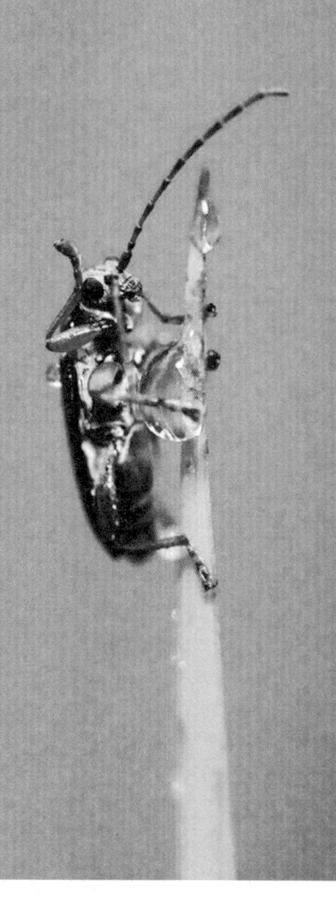

翅膀洗干净，我要起飞了；

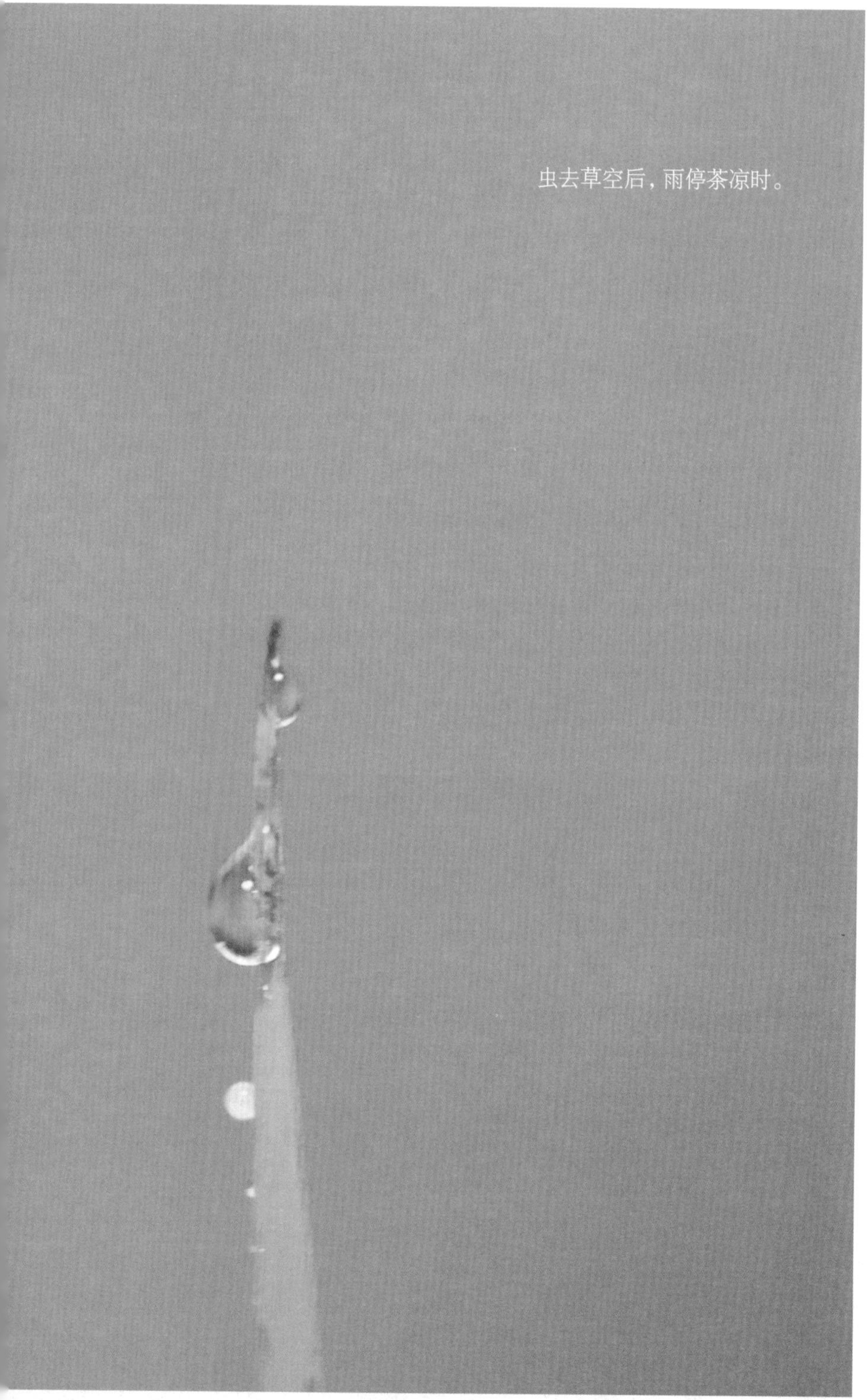

虫去草空后，雨停茶凉时。

还要补充一下，它太小了。多小呢，也不来及找蚊子蜜蜂之类的做参照，一时想不到别的办法，就把我的手指和它并列了。

它们有翅膀，像天使，在人类还没有发明农药化肥和水泥玻璃的时候，过着神一样的日子。

它们不在远处，就在你身边的草丛中。能看到，不把它当成草叶上的污点，需要三分眼力，需要三分运气，也需要四分耐心和爱意。人类高呼爱护自然，回归家园，不知有多大的真心，这些和人类一同来自远古的美丽小虫，检验着我们爱心的真假。

我们，千万不要让这样的故事终止啊！

一只蜜蜂的觉醒

蜜蜂采花蜜，也采花粉。自然，吃蜜，也吃花粉。

有人养蜂，其实不是养，而是带着它们去花儿多的地方，放开，让它们去采。而后，窃取它们的劳动果实。蜜蜂很勤劳，但却没有积蓄。为了有些积蓄养儿育女、度过寒冬，于是更加勤奋。它们忙碌到死可能也不知道自己辛苦而贫困的原因。

一只小蜜蜂大概对人类的这种欺骗行为有所察觉，它要以自己的方式反抗。

这天，早晨它就出门采蜜了，清风美景它无暇顾及，心中只有劳动的念头，似乎，勤劳是它的终极目标。但夏天可不比春天，花明显少了，采够一次花蜜花粉要比春天费几倍的时间和力气。它用了整整一个早晨才采满了两筐花粉，在后腿形成了两个花粉团，飞行起来摇摇晃晃，速度都被拖慢了。

它突然想起，回去进巢之时花粉团就在门口被挤掉了，之后花粉去向不明，到家不久还要回来采。今天出门的时候还没来得及吃早餐。今天，不，以后就不回那个巢了，要自给自足。它决定把这些花粉当早餐。

我看到它的时候，它刚落在一片草叶上进餐。它弯曲腹部，形成一个餐盘一样的凹槽，然后，用中间的两条腿把花粉放进来，而后，一点一点往嘴里送。不急，慢慢享用，这是自己亲手所得的劳动果实，我有资格支配它，享用它。

吃了大约一半，它就饱了。剩下的，不要了！应该是第一次这么大方，这么潇洒。它可能第一次知道，原来要吃饱肚子，根本不用那么勤劳。它也可能想到了“劳心者治人，劳力者治于人”，但这个念头只是一闪，就过去了。

我看见它用中间的两条腿往下拨，就像人用双手弹掉胸前衣服上灰土的那种动作。

然后，不采蜜了，飞走，闲逛去也。

第一次，它知道了，原来花儿不仅是食物，还是风景，它们色彩繁多，造型各异，这么漂亮。以前只为稻粱谋，不知欣赏，连走马观花都算不上，实在是辜负了上帝的深情厚谊。

我在看着你

不知你有没有注意过，有些蝴蝶或蛾子的翅膀上有对称的圆点，一乍看，就像眼睛。翅膀上为什么长眼睛，你想过这个问题吗？

进化的道路上很多时候并不是风和日丽春暖花开，寻常的一日三餐中充满了劳苦艰辛，乃至你死我活的争斗，因而，万物都不会做劳而无功的事情。那么，以此推想，翅膀上的眼睛肯定有用。

这大概是迷惑敌人。敌人进攻的时候，肯定要攻击要害部位。哪里是要害？眼睛和脑袋这一部分啊。翅膀上这么多眼睛，多么容易吸引敌人的注意力啊。但这不是蝴蝶和蛾子的要害部位，翅膀面积那么大，损伤一点根本不影响它们飞行，主要是先保住性命。

我好几次拍到过翅膀破损的蝴蝶和蛾子，现在想想，大概是遭受了鸟儿的攻击，但它们用假眼欺骗敌人的招数为自己保全了生命。它们的翅膀扇动的频率不高，颇有翩翩起舞的意味，但飞行本领高强。我看到过好多次，有的翅膀已经破成乞丐服了，可依然在空中不紧不慢地飞，似乎在悠闲地漫步赏景，一点儿也看不出因自己的装备损坏而慌慌张张的模样。

蛾子停飞的时候，翅膀平展开来，前翅会遮住后翅一部分，有的蛾子就在后翅设计一双眼睛，平时用前翅遮住，当感觉到危险时，会突然露出这对眼睛，然后翅膀一振，飞了起来。敌人看到猎物的一双眼睛突然睁开看着自己，可能会一愣。这只是一瞬间的时间，但很多时候，生死在刹那间就划出了分明的界线。

捕食者进攻的时候，喜欢选择偷袭。如果看到猎物的一双大眼正对着自己，也会犹豫。猎物虽弱，但狗急跳墙，兔子急了也咬人，猎手也不是无所顾忌。

再想想，它们如何演化出的这种眼睛的图案呢？为什么是对称的呢？这里面有计谋吗？

肯定有啊。我不是专业人员，对专业问题信口雌黄也便没人和我较真儿。

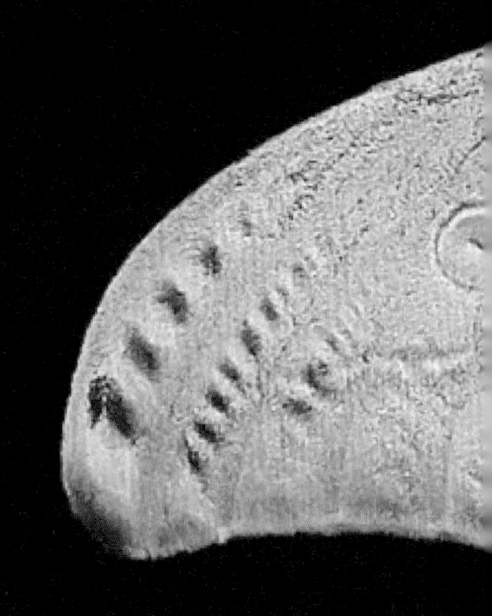

我看到过一种天蚕蛾翅膀上的假眼，太漂亮了，像苏州手巧的绣娘一针一线绣出。再看看它精致的触须，衣服颜色的搭配，风筝飘带一样的尾突，我判断，这不仅仅是生存的需要，而是已经上升到了精神的层面，例如审美，例如为悦己者容。

自然有足够的时间和空间进行创新，单就蝴蝶而言，现存的蝴蝶翅膀图案就有 17000 多种，光眼蝶就有 3000 多种。

大自然不动声色，但它是苛刻到你难以想象的考官，能留下来的，都是其中的佼佼者，毫无例外。

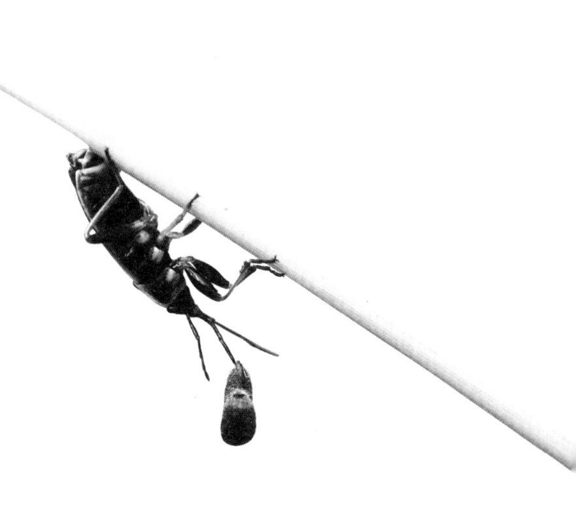

莽撞的杀手

蝽也是昆虫中的一大类，属半翅目。很好认的，看它们的翅膀就行，一半是甲壳，硬的，一半是膜翅。正面看翅膀成X形。它们不大，但却是身手敏捷本领高强的杀手。我已经无数次拍到它们了，但只有一次拍到它们捕猎的瞬间。今天又拍到了，情况却有些特殊。

是在苘麻上。苘麻，几乎是童年的玩具，太熟悉了。叶子，柔软阔大，是最好的天然纸张；叶柄，耐弯曲，可以编成一座宝塔；橘黄色的花儿，掰下来可以贴在脑门上，有天然的胶水，以前我以为"对镜贴花黄"，贴的就是它；嫩的种子，可以剥开来吃；秸秆，抽掉半截，把皮编成辫子，就是一条鞭子……现在几乎没人种了，我看到的一些，也是野生的。那只蝽就在苘麻的果实和叶柄上来回爬。它的刺吸式口器上有一个猎物，但它没有安静地吃，而是不安地爬动。

我拍了几张，放大细看，才瞅出了端倪。它捕到的昆虫没有腿，换了个角度我也没看到。后来我想起了，也许，它捕到的不是昆虫，是苘麻籽。为了防止我记忆有误，我又剥出几粒对比，果然，我的判断没错。

这有些奇葩。猜想之前的情形大概是，苘麻的果实成熟了，微微地炸开，露出了里面的种子，蝽发现了，以为是小昆虫藏在了里面，梢做停留，便亮出了自己的武器。力量可真不小，我把一粒干透的种子用指甲使劲地掐都掐不动，非常坚硬。

它为这一次莽撞的进攻付出了代价，针头一样的嘴巴拔不出来了，刚才转来转去大概是在想办法。后来它有过短暂的停留，似乎是两条前腿摁住种子，使劲儿拔它的刺吸式口器，但没有成功。它太小，我没法帮它，也许它自己能解决。

也许它不是莽撞，很多昆虫都是外骨骼，很坚硬，要没有这样的速度和力量，一刺，只是把猎物顶远一些而已。攻击的时候，它的眼里只有猎物。老虎狮子之类的猛兽也是这样，《我们诞生在中国》里的雪豹就是在追赶猎物的时候不小心弄伤了脚趾，没办法，生命到此差不多就要划上句号了。

想想苘麻，种子藏在里面，黑乎乎的，不好看清，这只蝽也许在心里埋怨自己，怪只怪眼神不好。小昆虫也喜欢在缝隙里隐身，苘麻的种子圆滚滚，的也太像了。自己以前就是这样猎捕食物的，从来没有失过手。

后来，在一小株干枯的木芙蓉上，又拍到了完全相同的一幕。木芙蓉的种子竟然和苘麻的种子那么像。这只小蝽身子鲜红，有白色条纹，还没长出翅膀，刺吸式口器很长，几乎等同于它的身长。它受困之后，有不少同伴前来帮忙，但依然没有解除困局。

《伊索寓言》中曾写到一只驴子，在驮盐的路上不小心摔倒在水中，盐融化了不少，站起来的时候觉得轻了许多，后来驮棉花的时候，故意摔倒在水中，结果棉花吸足了水分更重了，驴子没能起来，淹死了。

这两头小蝽都犯了经验主义错误，不知还有没有机会改正。

路由器

也许你曾经注意到，好多虫子的尾部有一根刺，这让我好奇。我以前拍到的一只虫子的尾刺，还非常漂亮，颜色由粉红到紫黑，最尖端，是一点白。如果它算是一件产品的话，那显然是精心打造而成的。

常识告诉我，大自然不会做劳而无功的事情，那么，这根刺肯定有用。

武器？不像。蝽的武器就是它的嘴巴，也是一根刺，可刺，可吸，既是武器，又是吸管。这是尾部，如何当武器用？敌人来了，它左右一扫，哪有那么灵活？又不是景阳冈上的那只吊睛白额大虫，怎么使用对付武松的那个招数？我拍到过蟋蟀的尾锋，上面还有很多纤毛，武器肯定不是这样，应该是感知器官，侦查周围的风吹草动，哪怕敌人从后面来，它也能感知到细微的变化，有时生存还是毁灭，就在那么零点零几秒的时间。

也像避雷针。这能避雷吗？这是引雷。不能避雷，也许可以卖萌。暑假的时候，和小侄女斗嘴玩儿，她突然竖起了一根食指，放在头上，然后对我转攻击为表扬。我莫名其妙，问她，她一脸得意，说“说谎话是要遭雷劈的，我怕被雷劈，所以要使用避雷针”，然后哈哈大笑，认为和我的斗嘴以完胜收尾。

最可能的，应该是路由器。它们也要无线通讯吗？当然，毫无疑问。去年，我在野外几

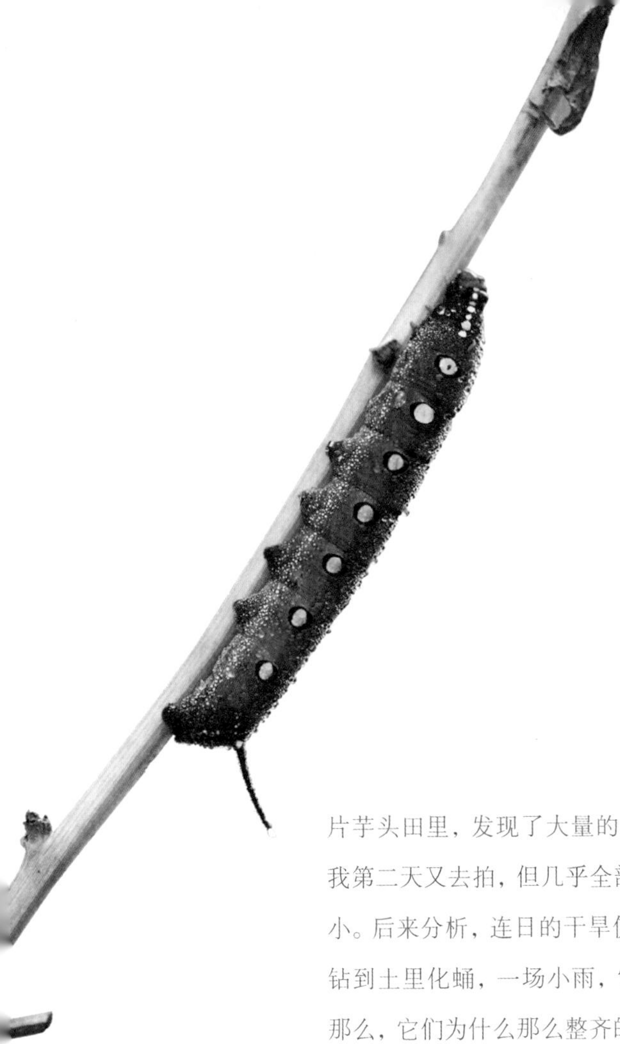

片芋头田里，发现了大量的虫子。当晚一场小雨，我第二天又去拍，但几乎全部隐身了，让我吃惊不小。后来分析，连日的干旱使土地干硬，它们不能钻到土里化蛹，一场小雨，它们终于等来了机会。那么，它们为什么那么整齐的土遁？有虫组织吗？谁发出的信号？

转来转去，我终于发现一只没土遁的虫子。它浑身露珠，连“天线”上也是。它难道没接收到撤退的信号？有可能，是它的设备受潮了，信号失灵。

朋友说，也有好多虫子没这根“天线”，它们怎么传递信号呢？

我说，我刚买了一台华为的路由器，根本看不到天线，但信号特别强。

为一场官司记录证据

交通大厦在城东，快到郊外了，前面有很大一片绿地，像个小公园。我曾经有三五次去那里拍照。但今天发现有些奇怪，慢慢寻找虫子的时候，看到了不少死亡的蚂蚱。

都已经干枯了，看来死去已经有一段时间了。它们姿态各异，好像死前遭遇了突如其来的灾难。以前，也看到过死亡的蚂蚱，但只是偶尔，一只两只，有的死在枝头，像一小片细长的枯叶；有的落在地上，被蚂蚁分食。今天，几乎触目所及，都是它们的尸体。

我猜想，应该是农药中毒。蚂蚱把卵产在土里，条件合适，就会爆发虫灾，也就是农民闻之色变的“蝗灾”。这个地方，应该是小规模爆发了一次，园丁忍无可忍，痛下杀手，大肆喷洒灭虫剂，让草木茂盛鲜花盛开是他们的职责。我猜想，很多蚂蚱来不及逃走，农药如细雨一样从天而降，它们瞬间就感到窒息，伴随着肌肉痉挛，它们的六足不由抱紧了草杆，然后昏死过去，几天之后，就成了标本一样的状态。

城市的绿化，不断在清除着异己分子。我曾经看到过一处生态园从头至尾的建设过程。有几户人家，先搬走了；所有的乔木、灌木、杂草、庄稼一律铲除；之后是推土机挖坑，蓄上水就叫湖，把土堆高一些，

就叫山；然后平整土地，重新种上人们喜欢的草坪、花卉和树木等一些常见的植物；最后是修路建护栏，再派人把着门，就可以卖票了。有谁想过，湖水溺死了多少弱小而美丽的昆虫，堆叠成小山的土里埋葬了多少鲜活的生灵。对自己不喜欢的，人类也发明了专门的称呼，叫虫子为害虫；叫植物为杂草。在以前的各类辞书中，人类稍不注意就暴露了自己实用主义至上的本质：解释“狗獾”最后说“脂肪炼的獾油用来治疗烫伤等”，黄鼬的“尾巴可制毛笔”，蝗虫“主要危害禾本科植物，是农业害虫”，马“是重要的力畜之一，可供拉车、耕地、乘骑等用”，猪“肉供食用，皮可制革，鬃可制刷子和做其他工业原料”，河豚“肉味鲜美”……

假如，动物们也有辞书，它们该怎样定义人类呢？我猜，它们很可能采用英国动物学家德斯蒙德·莫利斯《裸猿》中的说法：“现存的灵长类共有 193 种。其中的 192 种身上遍布体毛。唯一例外的物种是一种全身裸露的猿类，其自诩为人类。这个物种无与伦比、成就卓绝，不惜花费大量时间去考察其高雅的动机，与此同时却对自己的基本动机弃之不顾，或者不惜花费同样多的时间来掩饰这一点。”

植物和动物都有资格起诉人类，只是目前它们还没有这个能力。也许不久，它们就会进化出这种能力；也许不久，会有蕾切尔·卡逊之类的勇者站出来，为以蚂蚱为代表的昆虫打一场公益官司。

我人微言轻，为它们做不了什么事情。但今天，我突发奇想，我要把它们死亡的姿态都拍下来，不为审美，只为记录，作为证据。也许，哪一天，我会呈给公正的法官，作为蚂蚱起诉人类的证据。至于谁是律师，谁是代理人，大可忽略。

反正那一天，我会带着照片出庭作证。

可能是看我蹲在草丛中那么长时间，让大厦门口的保安也好奇了，小伙子跑来一看究竟。

“整啥呢？”小伙子是东北人。

“拍这些蚂蚱。”

“这不都死了吗？”他不明白我的深谋远虑。

“你们的花工喷药了吧？”

没想到小伙子情绪一下子激动起来：“我天天在这也没看到啊，早知有这么多蚂蚱，还喷啥药，撸巴撸巴整一盘，用油一炸，老香了。”

越努力，越幸运

我对“日看佳片三百张，不会摄影也会拍”的摄影格言深信不疑，闲下来的时候，总会翻看别人的摄影佳作。很多时候，越看越没有信心：高手太多了，佳片太多了。怎么就能拍到飞翔的老鹰背上落着另一只鸟儿的照片？是谁啊，拍到了锦鲤跃起来吞吃荷花瓣的瞬间？那一张，拍的是变色龙伸出长长的舌头抓住了一只昆虫，这要有多大的耐心，又要有多好的运气……

自己拍多了，展示自己照片的时候，也偶尔听人说：你这张是怎么拍到的？你的运气真好啊。原来在别人的眼里，我也是运气好的人。其实我自己知道，经常去拍，摸爬滚打，虽受些蚊虫叮咬暑气熏蒸之苦，但瞎猫难免会有碰上死耗子的时候。

比如，拍那只菜粉蝶。我本来懒洋洋，不大乐意，它们的色彩和花纹太寻常了，我想拍的是凤蝶。只是这只菜粉蝶身上有一层小露珠，我才将镜头对准了它。寻找焦平面的时候，一只蚊子一样的小蝽从草穗上爬过来，爬到蝴蝶的身上，越过蝴蝶的眼睛，攀到蝴蝶的触须上，玩儿了一会儿双杠，又走了。蝴蝶可能是因为天凉，身体麻木，还没缓过神来，一动不动，任由小蝽上去又下来。难得的一个瞬间，被我幸运的拍到。

冬天去南方拍虫子，一片茵茵绿草，估计是一处不错的地方。走近才发现脚下坑坑洼洼，牛蹄踩过的凹陷处都汪着脏水。虽然虫子不少，但寻找落脚点的时候，很容易惊动它们。一只螽斯，就是因为我脚下溅出的泥水惊动了它，一闪身就

跳走了。我眼睛追随着它，然后又悄悄靠近，发现好玩儿的事情发生了：螽斯慌不择路，匆忙一跃，一脚踩到了一朵小花儿的花心，可能是因为腿上有刺，它的腿再抬起来的时候，穿上了一只美丽的靴子。它大概莫名其妙，看着这天外来靴，一脸惊诧的表情。

蝽这种小昆虫的刺吸式口器，就像一根注射器的针头，刺杀猎物，也就是用0.01秒的时间吧，真的是迅雷不及掩耳。可是，也被我拍到了。那个小蝽还没有长出翅膀，黄色的身子上有黑色的

斑点，像瓢虫。它在广翅蜡蝉若虫的周围转来转去，我以为它在玩儿呢。本来我是想拍广翅蜡蝉丝状的尾巴，可是，有一张，竟然拍到了小蝽刺入小蜡蝉身体的一瞬间。

这些，叫幸运吗？我总以为纯属“小概率事件”，比芝麻落进针鼻里，比一出门被金元宝绊个跟头的概率大不了多少。

只是，你坐在家里永远也碰不到这些幸运的事情。摄影，或者说拍出一张佳作，像其他工作一样，难免辛苦，甚至痛苦，被煎熬，被折磨。久了，怕你放弃，于是幸运之神就伸出手，放一粒薄荷味儿的糖球在你口中，你便又精神大振，快乐地投入进去了。

其他什么劳苦之类的东西，瞬间就烟消云散了。

那些嘚瑟的斑马们

隐身是所有动物一生的功课。弱者藏起来，以免成为强者的美食；强者藏起来，以便袭击猎物，增加捕猎的成功率：这差不多是尽人皆知的生物常识。但大自然中总有奇葩物种让你感觉常识也不靠谱。事实的力量过于强大，它们硬邦邦地戳在那里，常常让人无言以对。

例如斑马，在狮子猎豹出没的非洲大草原上竟然极其招摇，嘚瑟到作死的程度，让人大惑不解。有人说这也是隐身，但反对者说纯属无稽之谈。

1909 年 3 月，卸任的第 26 任美国总统西奥多·罗斯福，开始了在非洲撒哈拉长达一年的狩猎旅程。他在《非洲游踪》

这本书中明确地说，“实际上，斑马的颜色根本不能起到保护作用，它很可能从来都没有借助色彩躲避过敌人；而与此相反的例子即使发生了，也是非常例外的情况，可以忽略不计。”他的语气激烈，“倘若有人真的会认为斑马的颜色是保护性的，就让他尝试一个实验，穿上斑马图案的猎服；他很快就会醒悟的。

我没有看到过斑马，更没去过非洲，但身边，和斑马一样，以黑白两色装饰自己的昆虫却并不罕见。

例如，斑衣蜡蝉的若虫，身上黑地白点，连腿上都是如此，它们会女大十八变，到羽化之后，简直是鸡窝里飞出金凤凰，不告诉你绝对认不出它是昆虫里的那匹小斑马变成的。那么，为什么它在防卫能力很低的阶段，却一直穿着这身在草丛中很显眼的黑白斑点服呢？

黑白花儿蚊子跟它非常类似，只是小巧而已。到了野外，你就会发现，它们也生机勃勃，不知道靠什么活着，还活得这么带劲儿。人不去的时候，它们吸谁的血呢？这么显眼儿，不怕被蜻蜓、豆娘当成点心吗？

白蛾子，草丛中就够显眼了，但有一种，还要在自己的背上点几个黑点儿，真是闲的。好像它初出茅庐，根本不知道鸟儿和变色龙之类杀手的眼神有多么犀利。

华星天牛，鞘翅基本上算是黑的，以大小不等的白点装饰。腿部黑色，关节灰色。触须黑色，关节灰白。放到树上草上看看，非常醒目。

为什么这么嘚瑟？感觉它没什么资本。虽然它的上颚像老虎钳，牙口不错，但只是在啃树皮的时候，比起马蜂步甲食虫虻之类的，它可就差远了，毕竟是吃素的。

它们行动起来慢吞吞的，虽然有翅膀，能飞，但也不行。鞘翅目昆虫好像都飞不快，翅膀似乎只是以备不时之需，不像蜻蜓之类的迅速灵活。

鞘翅如鞘？那管啥用。鸟儿的喙，那才如刀似钩呢。你想想啄木鸟就明白了，那么硬的木头，都能啄开，把藏在深处的虫子吃掉，鞘翅这层单薄的铠甲，能挡住什么？至于猛禽就更不用说了，爪子一抓鞘翅就碎了，纸一样，估计猛禽都不屑吃这样的零食。

可是……然而……但是……它们都——健在。

斑马食草，又不会隐身，常被狮子猎豹追得东奔西逃，但它们没有灭绝，它们活得好好的，是草原上美丽的风景。对这个地球上所有的生命而言，存在就是合理，它铁一般坚硬，毋庸置疑。

我忽然想，它们是不是故意的？它们色彩张扬，不是为了隐身，而是为了暴露自己。

记得奥尔多·利奥波德在《沙乡年鉴》中就写到过鹿群的兴衰：一座生机勃勃的大山，由于狼被捕杀殆尽，食草的群鹿大量繁殖，吃得草和其他植物所剩无几，它们也因为缺少狼的追击而懈怠懒散，羸弱患病，最后，鹿群也消失了。它们以生命又一次证实了“生于忧患，死于安乐”这句名言的永恒。

草原上的斑马，还有无处不在的斑马一样的昆虫，是不是早就参透了柳宗元在《敌戒》中的警世格言：“敌存灭祸，敌去召过。”

死掉几个算啥，恰好趁机淘汰了老弱病残。敌人都不来搭理我，那活着还有什么劲头。我猜，它们这样打扮，其心思可能是：“来，猎手们，追我吧！让我奔跑吧！管住嘴迈开腿，让我甩掉赘肉吧！”

华彩唐装

刚刚在《疯狂的进化》中看到关于虎甲的介绍，就拍到了一只。这是我第一次拍到虎甲，非常欣喜。

书中说，虎甲靠迅捷的速度在昆虫中傲视群雄。其中速度最快的一种每小时能跑 9 千米。单看这个数字没什么大惊小怪的，它只相当于人类慢跑的速度。可是你要知道，虎甲的身长不到 2 厘米，如果换算一下，它 1 秒钟就跑过了 125 个身长的距离，这是猎豹的 16 倍！人要有这个速度，每小时能跑 770 多千米了，这是飞机的速度！虎甲这么快的冲刺速度，以致在追捕猎物的过程中，它的眼睛根本无法收集到足够的光线，即使它的眼睛的敏锐程度在昆虫中名列前茅。所以，每隔一会儿，它就要停下来，对猎物进行重新定位。

虎甲之所以有这么威猛的名字，还因为它发达的下颚，捉住猎物，一会儿就会撕个粉碎。

我见到的这只，黑乎乎的，大概在玩儿。它在花岗岩的地砖上爬来爬去，我靠近了它就迅

速爬走，我追得有点儿急，它就飞一段。掌握了规律之后，我放慢了速度，一点点接近，它对我放松了警惕，我得以选择合适的角度，最后拍清楚。放大看的时候，一阵惊喜：色彩好丰富啊，好一身漂亮的衣服。

它浑身闪着金属的光泽，是那种崭新的金属，被烈火烧过之后的色彩，也像肥皂泡反射着太阳七彩的光线……亮光一闪的颜色，难以详细描述。就连腿上和触角上也有这种色彩。背部的鞘翅更显华丽，左右翅膀对称排列有八个白斑，是唐装，做工考究。虎甲，这个杀手，着装倒显斯文，不是蜂类黑黄的警戒色。自然中的变数总让人疑惑又迷恋。

着装跟虎甲差不多的昆虫，常见的还有瓢虫，北方人称“花大姐”。瓢虫不爱飞，爬行速度也慢，好拍。大多是红底黑点，很雅致的色彩搭配。鞘翅完美对称，也像唐装。它们的翅膀好像涂上了大漆又被反复打磨过，在阳光下，反射着明亮又润泽的光芒。

甲虫的翅膀，差不多就相当于它们的衣服了。鞘翅类昆虫，在外翅下面，还隐藏着一对膜翅，相当于内衣。膜翅在平时完美的折叠起来，精巧的放在鞘翅的下面，飞行的时候再展开。鞘翅之鞘，大概是刀鞘之鞘，对膜翅是一种保护。这样的服装，相比于人类的西装、T恤之类，不仅质地独特，而且样式丰富，种类繁多，既华丽又实用。

一位同事的女儿上小学之前就喜欢用画画儿的方式来记录有趣的事情，那稚嫩天真的儿童画形象生动又充满了想象力，“周日的生态园”“鱼缸里的凶杀案”之类的，每次我们看时都笑声连连，又惊叹不已，感觉这个不善言辞的小孩子太可爱了，善于观察，有趣，又有绘画的天分。我们还告诉那位同事：“可要好好保护孩子的天赋啊，别让以后的教育扼杀了未来的画家。”

后来，有一次，同事看到我拍的那些美丽的昆虫照片，忽然激动地说：“我终于下定决心了，以后我女儿就搞服装设计，参照昆虫的样式，肯定大有前途。”

再后来，同事有了二宝，又调到了另外一个小城市，偶尔一条微信，也大多是工作和生活让人焦头烂额之类的抱怨。

她的女儿该上初中了吧，课后作业多吗，不知是否还喜欢画画儿。

不知她是否还记得曾经给女儿规划的专业方向。

梁祝

我曾经在春寒料峭的生态园看到过一只衣衫褴褛的菜粉蝶，那时大部分动植物还沉睡在梦中，而它已经在寻觅春天了。看那破旧的衣衫，没有刚刚羽化的鲜亮，它大概是艰难地挨过了寒冷的冬天，本领高强，又十分幸运。

深秋的早晨，也见过几只浑身露水的蝴蝶，它们一动不动。天气凉了，到了日子难熬的季节，谁也说不准，或许，下一个晚上就是寿终正寝的最后一夜。

但从暮春到初秋，一整个夏天都是它们的世界，各色品种，大都裙裳鲜亮，衣带飘飘，在花丛中，又生着天使的翅膀，很让人羡慕，它们是下落凡间的微型仙女。

蝴蝶飞行姿态闲适，不像蜜蜂，蜜蜂好像生来就是干活儿的，它们几乎一刻不停，翅膀

快速地煽动空气，嗡嗡作响，落在花蕊上头的脚也是快速地移动，好像有谁挥动着鞭子，催着它们干活儿。蝴蝶不一样，它们翅膀宽大，缓慢地开合，上下翻飞，让人感觉空气中有波浪给它一阵阵的冲击，它像船一样，上下起伏。这样的速度，让人能看清它翅膀上的花纹，翩翩飞舞，大概说的就是蝴蝶飞行的模样。

它进食也淑女，不会狼吞虎咽不顾吃相，而是用一根极细的小管慢慢吸吮，似乎每一朵花儿的蜜汁都是世间难得的美味，值得仔细品尝。吃完，它小心盘起比手表的发条还要精致的吸管，以待下次使用。对比狮子、鬣狗、秃鹫们进食的打闹抢

夺，这是十分罕见的优雅，是餐饮礼仪的典范。

大概自从庄周梦蝶之后，蝴蝶就声名鹊起了。庄子醒来想到的是一个哲学难题，而一般人梦蝶只是想到了蝴蝶的美丽和悠闲。

我的想象似乎更加庸常。今天，在盛夏的阳光下，我又看到了两只漂亮的青凤蝶。它们偶尔停下来进餐，大部分时间在灌木之上跳着华尔兹。我忽然想到了梁祝的故事。

在民间传说中，梁祝死后化作了美丽而有仙气的蝴蝶，相逐而飞，不离不弃。以前，我很不喜欢这样的编造，以为太矫情太俗套，不过是哄小孩子入眠的睡前故事，但现在，我改变了这种想法。相爱的人，活着不能如愿，只能以死来相聚，还有比这更凄惨的事情吗？而悲伤和无奈的现实，加上这样一个浪漫的结局，故事便有了些许的温情。这是善良人的想象，是慈悲人的佛心，是对有情人难成眷属的安慰。依稀记得很多年前的一部老电影《玉色蝴蝶》的插曲，关牧村演唱，那少见的女中音让人过耳难忘：愿做蝴蝶比翼飞，天上人间永相随，辛勤蝴蝶传花粉，终身合作不分离，啊，不分离……关牧村浑厚的嗓音舒缓而婉转，当时不知有多么欣赏她的音色。而今重听，我品出的是人间不尽的幽怨和哀愁。

列那尔的想象也很有诗意，他说蝴蝶“这封轻柔的短函对折着，正在寻找一个花儿投递处”。在列那尔眼里，蝴蝶是上帝的信使。它在花丛和绿草间缓缓飞行，似乎投送地址隐秘，它在尽力寻找。

人活得太过粗疏，太多人被柴米油盐湮没了诗情画意的想象力，甚至不知道欣赏春花秋月，对蝴蝶这位信使更是视而不见，这是一件颇为遗憾的事情。

对折的短函，却满是密码。蝴蝶停在花朵之上，展开双翅，这封只有两页的密信，无人能懂。

工匠精神

仔细吃一枚煮鸡蛋，也能感受到造物主精巧的心思。

鸡蛋外壳虽薄，但弧线优美，均匀而细密，握在手心，用力，据说张飞也很难捏碎它。里面，有一层薄膜，小心翼翼地隔开了蛋壳和蛋白。蛋白里面，是一个正圆的蛋黄，如即将落山的太阳。你要是再吃慢点还能发现，椭圆的鸡蛋的两端有细微的差异，较大的一端里面有一处小小的空缺，专家研究后弄清了它的用处：这是母鸡留给刚孵化还没出壳的小鸡的呼吸室；如果外部环境冷热异常，它还能调节蛋液的体积，以免涨破蛋壳。

一枚鸡蛋，分明就是高端科技和艺术设计完美结合的产品。只是，我们熟视无睹。

其实，放眼望去，似乎造物主在自然界处处都充满了伟大的设计意图，都是技艺绝伦的艺术大师，细细想来，不可思议。

这些年炫目的科技太多了，发展的节奏太快了，人人几乎都是被裹挟着前进，想不浮躁和焦虑都难。这时，人们想到了差不多就要消失的手工业，那些匠人的踏实朴素，还有那些产品的精致温润。工匠精神，也许能让人安静优雅起来。

在我看来，传统艺人和工艺大师固然让人敬佩，但我们忽略了自然，忘记了荒野。其实那里还保存着人类早年质朴本真的面貌，也不乏纯粹甚至高尚的精神。

那天到野外转悠，在一个细小的枯枝上，我看到了一串微型的“鸡蛋”，比小米粒略大，排列整齐，在逆光下，有着玉石一样的光泽和质地。我不知道是谁产在这里的，蝴蝶，也许是蛾子，也许是丑蝽，但毫无疑问的，这是一串“生命”，每一枚里面都无比精密地排列着天文数字一样庞大的基因密码。而且，母亲走了，看似潇洒，甚至冷漠，其实早做好了安排。比如说，外壳有难闻的气味，或者有毒，让其他小猎手不敢觊觎，不然，扔在自然中，就是人家的小点心啊。还比如说，外壳营养丰富，小虫一出生就以壳为食，不用为觅食发愁。这个未谋面的母亲虽小，但依然有着深远的计划和周密的打算。比起鸡蛋来，这些小米粒一样的卵，大概进化到这个地步也更难，就像制造一台座钟和一块手表的差异，让我敬佩不已。

在一处黑暗的小灌木丛中，我又看到了草蛉的卵，还是用纤细而柔韧的细丝挑着。我依然猜

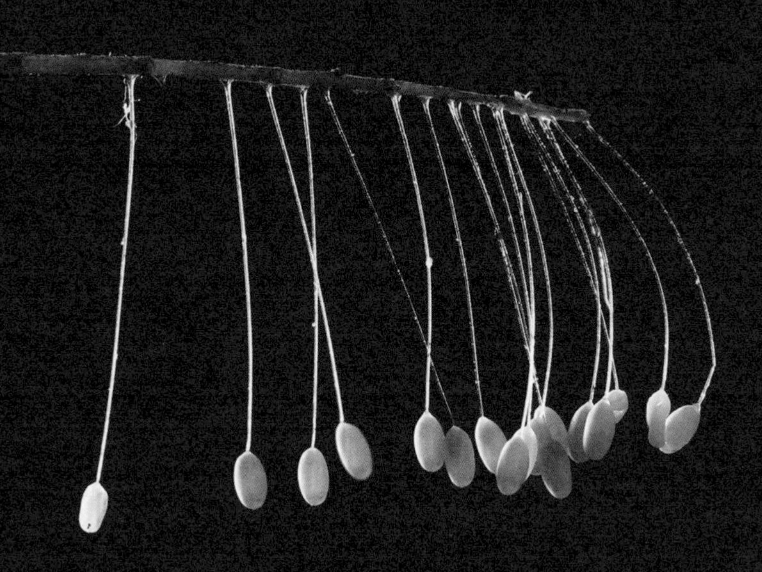

不出穿着淡绿长裙的草蛉母亲是如何完成这种工作的，像工程师，更像艺术家，你只有亲眼看到，才能感受到一只小虫子的伟大。它不愿意让自己的孩子直接呆在树枝上，成为勤快蚂蚁这些虫子唾手可得的早餐。它殚精竭虑，让那根细如头发的丝线阻挡不怀好意的偷猎者。

生命都在竞赛，比体力，更比智力。多少年漫长的时光，它们日夜奔跑，你追我赶。我常常批评自己的粗枝大叶，似乎是不久前才承认，我的鞋底踩不死蚂蚁，蚊香也熏不绝蚊子，我即使再努力也杀不完蟑螂，更不用说还有那么多我们还没有发现的小虫子呢。

例如，水竹芋叶子下，那根细细的长丝，长丝下那一头小蒜。是四个卵吗，还是四组卵？母亲用丝线包裹好它们，依然不放心，还要用长线吊起来，防止贪吃的食客偷嘴：想吃，除非你有走钢丝杂技高手的绝技。能这样安排，该有怎样的心思和智谋。而我，不知错过了多少这样的精彩。

那么多了不起的生命，它们一门心思地奔向生命的极致，永无止境，在我看来，这才是升华了的工匠精神。

可惜，很多我都叫不出它们的名字，作为邻居，非常抱歉。

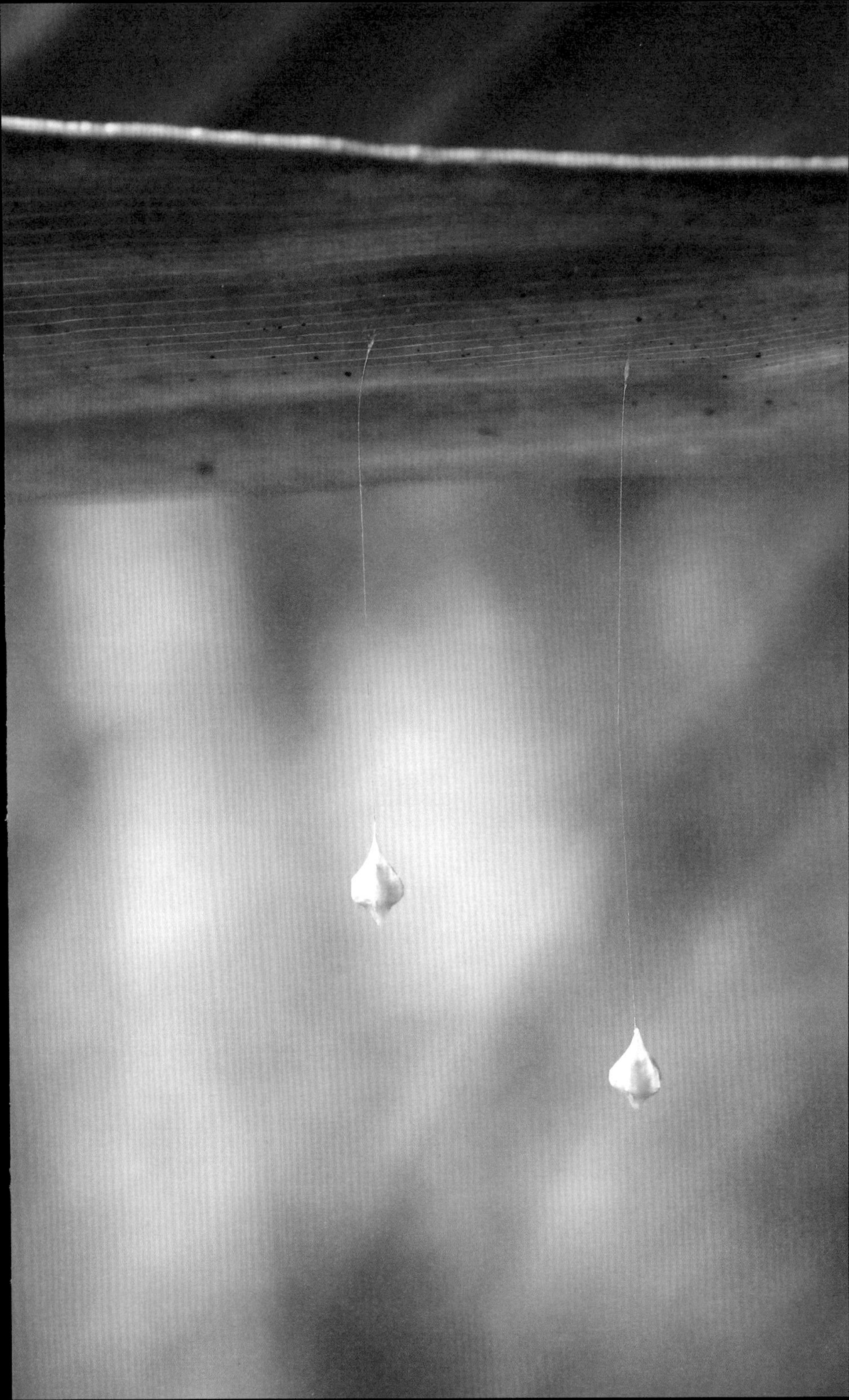

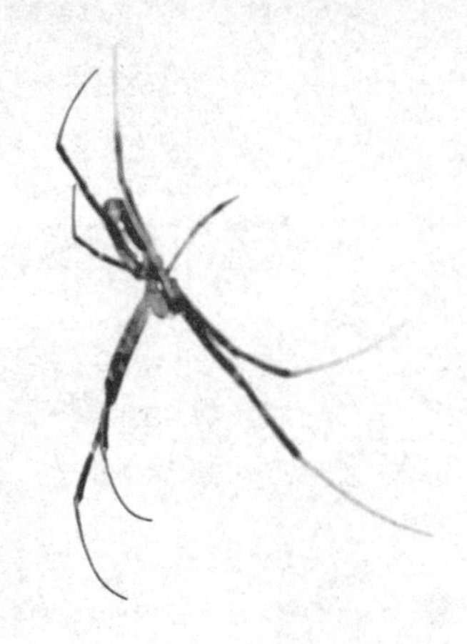

就在你身边

蜘蛛没有翅膀，却能飞行，很多人不知道。

一只蜘蛛感觉在一个地方呆腻了，或者，它好几天也捕不到食物，就要飞走了。它一般会选择一个晴朗的天气，爬到高处，看好风向，然后喷出一束一束的蛛丝。蛛丝慢慢聚集，形成一个降落伞一样的丝团，兜风，蜘蛛被带得摇晃起来，它只要松开自己抓握东西固定身子的八条腿，就能飞起来了。至于飞到哪里，就要听天由命了。

所以，当一只蜘蛛从天而降的时候，你不必感到奇怪。

这天，办公室外的走廊边，不锈钢栏杆上面就飞来了一只黑斑圆腹蛛。此处小飞虫不多，它运气欠佳。一位同事眼尖，报告给了我这一消息。我喜出望外，这种奇异的品种很难见到，它结好网会躲起来等候猎物，不像一般的蜘蛛稳居八卦阵中心守株待兔。

它太小了，不到一粒黄豆大。它虽在走廊边上结网，走廊上几乎人来人往，可没有人为它停下脚步。但我知道，它背部有奇异美丽而繁复的图案，我隐约能看到，只是还不知这一只能带给我怎样的惊喜。

它飞到此处，一定还饥肠辘辘，便急着结网。它在栏杆和水泥柱子形成的夹角间，匆匆地结了一张潦草的网。网的一处细密，那是它隐身用的，但它的身子在走廊内侧，它留给了我观察和拍摄的机会。我端着相机，小心翼翼地寻找着焦平面和对焦点，调整着光圈和快门。

终于拍好了，我又一次差点叫出声来：又一张脸谱，太清晰了，抬头纹、小圆眼、黑色的鼻翼、紧抿的嘴巴，还有一顶做工精细的维吾尔族小彩帽。

一阵微风吹来，它拉紧蛛丝，像用两手护住帽子，以防被风吹落。

我拍了好长时间，有几位同事看到了，知道我在拍蜘蛛，走掉了。学生们去搬水的，交作业的，去上体育课的，络绎不绝，都忙着自己的事情，没有一位学生因为好奇而和我一起观察，哪怕一会儿，哪怕只是问问。没有。他们学“傻”了，我有些失落。

蜘蛛飞来不是第一次了，春末的时候，那几棵小紫荆旁边还来过两只斑络新妇。它们很能结网，一张网连接着两棵树，面积差不多有一平方米。在我拍摄的半个小时之间，就有一只蜜蜂和一只苍蝇落网。后来在蛛网的一角，还看到一张小网，中间一只小蜘蛛，从常识判断，应该是斑络新妇的小丈夫。

它们身上有花斑，在花花搭搭的树影间，形成了完美的隐身，虽然就在我们身边，但没有几个人能发现它们。

其实，没有发现的，太多了。两座楼之间的小园子里，一棵低矮的小枫树叶子落尽之

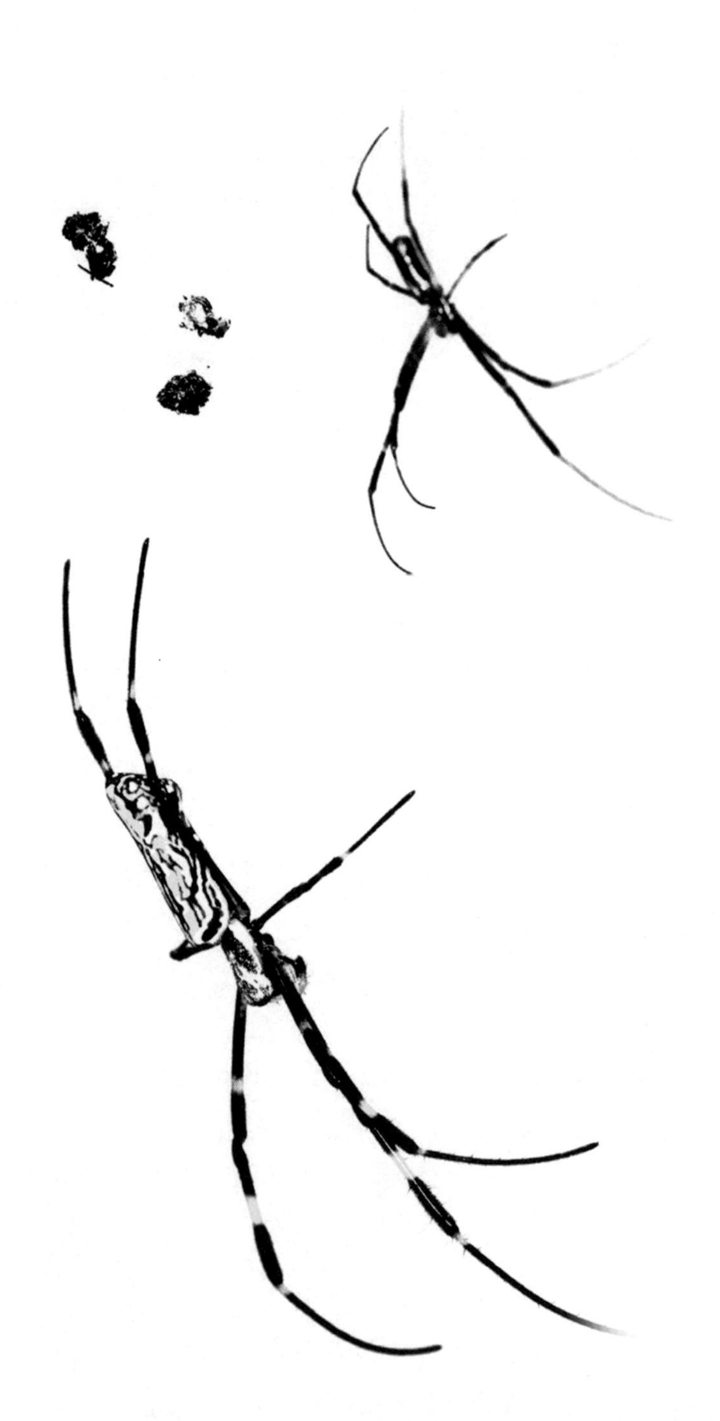

后，竟然显露出一个鸟巢。想想，鸟儿夫妇，从筑巢到产卵，到孵化，到寻觅食物养儿育女，它们不知往返了多少次。它们居然瞒过了这么多忙碌的人们的眼睛。

宿舍后面的屋檐有一条裂缝，里面住着蝙蝠，从掉落地面的老鼠屎一样的粪便我推测出来了。一天黄昏，我还看到它们进进出出地忙碌，鸟儿一样的翅膀，在暮色里飞行。

那架美国凌霄的叶子上，要有七八条大虫子，我也是从花架下零散的黑色小颗粒，按图索骥找到了它们。

我偶尔悄悄地去看看它们，也就不告诉别人了。没人打扰的话，它们成熟后会变成蛹，钻入地下，或者在枝条上结茧，而明年春天，它们就是花枝招展的蝴蝶或者蛾子了。

狐假虎威

食蚜蝇差不多是最常见的小昆虫了，但大多数人会叫错它的名字。我也是。很长时间，我都以为它是蜜蜂。

当然不是，触须不一样，眼睛不一样，口器也不一样。但是，二者的身子和翅膀那么像，几乎是杏花和李花那么细微的差别，又都在花丛中采蜜，不是搞专业研究的生物学家，谁会看那么仔细。大家认错了的主要原因，肯定是它身上和蜜蜂、马蜂一样醒目的黑黄条纹。

这几乎一模一样的服装，的确容易让人张冠李戴，但，是谁在模仿谁呢？推测一下的话，应该是食蚜蝇抄袭了蜂们的服装设计。黑黄条纹，属于警戒色，蜜蜂、马蜂以此警告捕猎者，小心，别看我身量不大，可我下颚发达如老虎钳，尾部有利刺，还能注射毒液，那可是化学武器啊。我可不是省油的灯，惹我，没你的好果子吃。这是真的，有生物学家研究后得出过结论，一般的鸟类领教过蜜蜂的厉害之后，便会对它敬而远之，并把这个教训告诉给同伴和子孙。食蚜蝇大概在旁边看得真真切切，便开始模仿。就进化角度来说，这可是一段漫长的时光，但它终于成功了。

这也算是聪明的选择。食蚜蝇面对捕食者的攻击，几乎没有任何用来抵御的盾牌铠甲和长枪短刀，也只好狐假虎威。这种装腔作势还真吓退了不少捕食者。在花丛中细看，食蚜蝇比蜜蜂的数量还多，子孙绵延，人丁兴旺，这是它们成功——也是所有生物成功——最重要的标志。

有一种蛾子，和食蚜蝇的想法不谋而合，它叫鹿蛾。它黑色的翅膀上有很多白色的斑点，就像梅花鹿身上的一样，鹿蛾的名字由此而来。它的身子也和蜜蜂的一样，有着醒目的黑黄条纹。蛾子一般晚上活动，谨小慎微，而鹿蛾在白天也常见，一副天不怕地不怕的样子。在绿草中，黑黄条纹非常显眼，它这么高调，一定知道自己身上模拟的警戒色能吓退天敌，保护自己。它大概在实践中也总结出了经验，实则虚之，虚则实之，越是弱小，越要装得强大，而且光明正大，让天敌信以为真。这是不是应了那句俗话，“话是拦路虎，衣裳是老虎皮”，一身衣服竟然就能让它这么自信起来。

昆虫的肉虫阶段是最危险的时候，赤裸裸的，在鸟类和其他天敌的眼里，大概就是一块精肉，所以很多虫子也开始了对蜂类的模拟，草叶上，它们像一条条小花斑豹。

这个世界偶尔会山呼海啸，天崩地裂，但之后，依然是平静。生物圈也是，捕食者几乎天天大开杀戒，但也不会把捕食对象斩尽杀绝，真那样的话，也是自己的穷途末日。长久的猫鼠游戏之后，是巧妙的平衡。

强者活了下来，弱者也没有消失灭绝。强者靠强健的筋骨和发达的肌肉，靠锋利的爪子和尖锐的牙齿，但弱者也有缜密的心思和过人的智谋。

在“狐假虎威”的传统寓言中，狐狸耍弄了老虎，让它不敢小瞧自己的实力，这是狐狸弄虚作假，欺骗老虎，典型的奸诈狡猾。但换个角度看，我们用褒义词来评价狐狸，是不是该用“智慧”“聪明”一类的词语。狐狸的力量肌肉不如老虎，可智力高出一筹，应该是各有所长，不分伯仲吧。

只是我一直很迷惑：弱者模拟强者，是不是暗示着对强者的认同，而善者模拟恶者才能自保，是不是这个世界的悲哀？

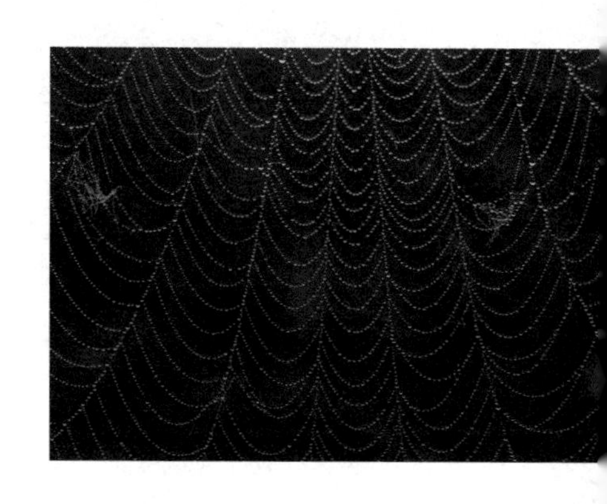

大雾阅微

越来越喜欢大雾了。

从傍晚到清晨，雾气弥漫在田野中，悄悄地在草丛和树木间聚集，像法力神奇的魔术师，总有出人意料的演出。我如果能预料出大雾的出现，总会早起，到某个荒僻的地方，苦搜细寻，看细微处有没有精彩的剧目上演。

又被我猜到了。大雾弥漫的清晨能见度很低，就去了离家不远的一片荒地。到处都是水迹和露珠，湿漉漉的，像刚刚下过一场小雨。此时是初夏，昆虫并不多，最先在水边香蒲细长的叶子上发现了一只毛毛虫，再向周围看去，慢慢发现，还有几十只。每只占据一根草杆，轻轻地啮噬，窸窣有声，这么早，它们已经在会餐了。

典型的吃货。它们埋头啃着，根本不在乎我的到来。有的人害怕，说见到毛毛虫就头皮发紧、浑身冰凉，可我见惯了它们，大部分颜值一般，平时也不怎么给它们留影。但今天不同，它们浑身的毛发都接受了大雾的馈赠，缀满了细小的露珠，晨光一照，闪闪发亮，如镶饰了无数颗钻石，奢华无比。很少见毛毛虫如此瑰丽的装扮，它们是我今晨的名模。有一只的头须上，还落着小小的蚜虫，成了它生动的头饰。自然，竟有这么精彩的瞬间。

我不敢轻举妄动，所有的露珠都是独一无二的艺术品，且摇摇欲坠。我知道，一不小心碰落，它们就会万劫不复，让我追悔莫及。我逆着阳光看去，又发现了三张像被舞台追光照亮的蛛网，一下子激动起来。我知道，那上面肯定有大雾的杰作。

蹑手蹑脚地走近了欣赏，果然是上帝之手的作品，精美绝伦，不计工本，在这张作品前，我不由自主地屏住了呼吸。原来横平的蛛丝被露珠坠弯，成了与美人玉颈吻合的项链，辐射状的蛛丝串饰上了更大的珍珠，奢侈到极致，通体的皇家气派。

在蛛网的一角，几根蛛丝竖直排列，是串着珍珠的竖琴。欣赏之余，竟然发现一只小飞虫在轻轻地挣扎，蛛丝虽细，但黏性大且韧劲足，小虫奈何不得，它付出了粗心的代价。它拨动着琴弦，却是弹奏给自己的绝唱，美丽，凄凉。

在另一张蛛网上看到了主人，就是寻常的脸谱小蜘蛛，让我惊叹。依然是头朝下，呈老僧入定状态，耐心地等着飞虫自投罗网。今早的它，被珍珠环绕，是真正的珠宝大佬。

位置低一些的那张网，想是上面的草木遮蔽了一些雾气，所以蛛丝上的露珠更加细小，似有若无。但在网子中间，我看到了四行精美的大写英文字母，四个方向整齐排列，神秘莫测，定是金蛛留下的天书，只是，不见了作者。金蛛去哪儿了，在这片看似平静实则凶险无比的草丛中，我真不敢推测。这几行字，也许是它出走前的留言条。也许，就是遗书。

这一小片荒地，因大雾让我流连其中，约两个小时，裤子全部湿透，鞋子中灌满了露水，像刚刚涉河上岸。

七点多的时候，太阳升高了，雾气渐渐散去。我坐在田埂上休息，刚拍过的那片杂草丛生的地方，现在明晃晃地刺眼。蛛网上没了露珠，蛛丝几乎看不见了。翻看相机里的照片，有些恍惚，刚才的一切成了梦幻一样的景象。

不足百米的地方就是一条大马路，是市里通往高铁站的主干道。车多起来了，嗖嗖地跑过，急急忙忙，一副现代俗世的模样，我竟然一时难以适应。

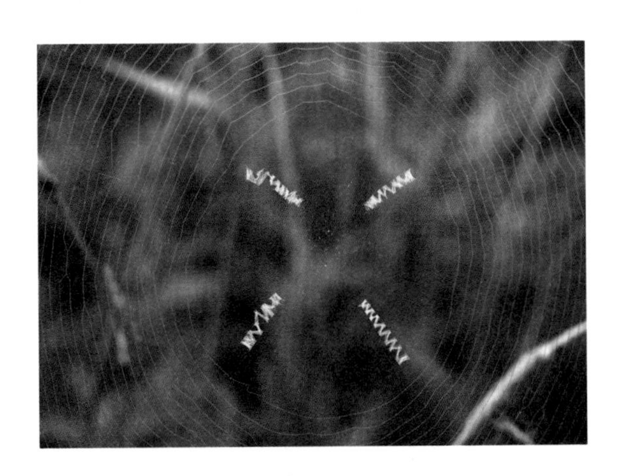

在碧绿的柔波里

在普通动物中，像长颈鹿这样的动物就算奇葩了，单是那美丽颀长的脖子就比它自己的身子都高，生活在非洲稀树草原上，比鹤立鸡群都显眼。大象也是，吃饭喝水这些日常生活都由长鼻子来辅助完成，多么不可思议。河马呢？对手比拼，不用刀光剑影，有时张开巨盆大口比比大小，胜负已定……

可这些，放到“虫界”就啥都不算了。蚯蚓有超强的再生能力，切断了，不但不死，还可能变成两条活着。蟑螂，脑袋掉了还能活七八天，正常产卵，第九天死了，饿的。马陆，有的竟然有七百多只脚，幸亏不用买鞋啊。水黾，不借助任何东西就能在水面行走，有轻功绝技。姬蜂，腰细得像一根线，而产卵器，和自己的身体差不多长。蜻蜓，上万个小眼组成的复眼看到的世界，不知是怎样的光怪陆离。

到了自然界，见到创意非凡的虫子，千万

不要大惊小怪，不然，一不小心就暴露了自己的孤陋寡闻。

我还好，这么多年的拍摄，我逐渐习惯甚至喜欢上它们的野性生活、穿着打扮和花样百出的骗人小计谋了。

对那一小团棉絮，一朵轻柔洁白的杨花，我依然蹲下来看，不会匆忙走开。它能动。用镜头对焦放大，看清了它的眉眼，果然是广翅蜡蝉的若虫，还是用花儿一样的尾巴做自己的隐身衣，它好执着和自信啊。等它侧过身来，就像小动物了。对比我们平时看到的夏日在树上高歌的蚱蝉，它的娇小玲珑，能把你萌翻。恰好有一只臭蝽做对比，大小，颜色，美丑，一目了然。荒野赏虫多年，我依然缺乏一视同仁的公平心。

另一种小虫子我还是第一次见到，叫不出它的名字。鼠妇的模样，鼠妇般大小，只是有着黑丝线一样的尾巴。我猜它和广翅蜡蝉的若虫一样，想出了这样的招数来隐藏自己，便和它玩儿了一会儿。它觉察到我的镜头在动，就扭过头去，尾巴一翘，那些丝线就散开来，把自己完全挡住了。这样的招数，跟谁学的呢？最初的尾巴是怎么进化的呢，竟然成了它们身体的一部分？

叶蝉的若虫，它们也用了相同的计策。说是叶蝉，也是我猜的。因为有一次，我看到有一群在茭白的大叶子上聚会，有的长着尾巴，有的已经长出了翅膀，按照“物以类聚”的常识推测应属同类，只是年龄大小有别，像广翅蜡蝉一样，长出翅膀，尾巴就消失了。

叶蝉若虫的几根小尾巴更加飘逸，有艺术感。我一动那片叶子，它们就纷纷地向前爬去，摆动尾巴，像小金鱼在游泳，茭白叶子，就是碧绿的柔波。它们创造了一幅诗意的画面。

既然叫蝉，它们是不是像知了一样，有高亢的歌喉呢？也许有，只是它们发出的是超声波，只唱给知音，它们没把我们当成听众。也许没有，它们就是哑者，一直沉默着，如谜。这个世界已经够喧嚣了，它们选择了安静。

昆虫，真是艺术化了的生命，不仅五彩缤纷，而且充满了无穷的创意设计，它们，是美好生命的重要内容，是精彩世界的真正主角。

我每次欣赏它们，都像受到造物主的恩赐，内心对自然充满感激，眼眶潮湿。

美甲

在我的记忆里，村里很少有人种花儿，就是种，也大多是一些草花儿，六月菊、草茉莉、喇叭花……种凤仙花的不少，记得春末还有人卖秧苗。

凤仙花是官名，村里人都叫它染指甲花儿，或者只叫指甲花。好种，破瓦罐，废弃的猪食槽子，装上土，它们都能长得很好。一般不种在地上，那时猪羊鸡鸭之类的都散养，稍不注意，花儿就成为它们的饲料了。常看到街坊四邻的指甲花儿艳艳地开在土墙头的破盆子里。

叫指甲花，自然是因为它有一个特殊作用——能染指甲。种花儿的，也都是女孩子，一传二，二传四，是灰暗劳苦日子里少有的鲜艳记忆。花儿开了，她们把花瓣儿采下来，放到小碗中，或者把一只大碗翻过来，放碗底中，捣碎，当时流行用一块明矾捣，据说能增强着色力。

然后就是染了。一般用一根针或牙签挑着，一点一点，小心翼翼地在指甲上堆积绘染自己喜欢的图案。月牙、红日、葫芦、缠枝莲、万字纹等，随你喜欢。绘好后要晾着，等颜色渗入指甲里。再洗掉花瓣的残渣，工作就完成了。

那时的女孩子，哪有什么化妆品啊。但爱美是天性吧，虽然日子艰难，可也会以这么朴素的形式呈现出来。现在想，这种纯天然的着色，简单的图案，夏日树荫下的时光，都成了记忆中磨不掉的珍藏，玉一样，不刺眼，但温润纯净。都远去了，现在的美甲，有指甲油，油漆一样，随你涂。甚至有专业的门店和技师了，美过的指甲精致华丽，亮光闪闪。

后来，看杨丽萍跳孔雀舞，她长长的指甲上面绘着艳丽而繁复的图案，加上热带丛林的舞台背景，还有变幻的灯光，让杨丽萍有了其他舞者没有的仙气。

我一须眉男子，自然不会去美甲，但也有很高档的几次“美甲”，你绝对想不到。

一次是深秋，杂草中的一只猫蛛浑身露水，珠光宝气。我接近它，它也只是慢慢地往叶子后面转过去。我知道，天很凉了，它行动不便。蜘蛛多灵巧，要在平时，它早跳走了。当时有一个想法，我和它来个零距离接触，这有些小冒险，蜘蛛是有毒的。我的手指靠近的时候，它没有躲，我等着，它果然慢慢爬了上来。它的螯肢粗大，黑色的，像戴着拳击手套，爬过我皮肤的时候，还是有点心虚。但它一般攻击移动的目标，蜇我的可能性不大。

我静静地看着它缓慢移动，一会儿慢慢爬上了我的指甲，八条腿伸开，占满了我的指甲，它身上的露珠还在，奢华。这样的美甲，世上独一无二。

一次是前不久，我发现一株植物上趴着十来只豆蓝金龟子。那种蓝像是金属被烤过的色彩，反射的光有一丝诡异，蓝中掺杂着彩虹一样丰富的色彩。它们很老实，你靠近了，它就躲到叶子下。你动作要是再急一点，它就会诈死，掉到地下。

这种色彩太奇异了，我就想和它们玩儿一会儿。轻易就能靠近了一只金龟子，捉住，放到我的手掌里。它爬过我的掌心，又顺着我的手指往上爬，直到顶端。我轻轻地转了一下手指，它也改变了方向。没想到，又爬到了我的指甲上。又一次传奇一样的美甲，立体，颜色奇特。

豆娘也给我美过一次甲。它落到我手上之后，可能急于从低处爬到高处，没顾及到脚下的路面，到指甲上，轻轻滑了一下，身子歪了，不知有没有崴脚。这次美甲时间不长，却趣味十足。

有十年了，我给它们留影，替它们打广告做宣传，偶尔替它们说几句公道话，它们大概也知道了我这份微小的善意，特以这种奇异的美甲方式对我表示感谢。我感觉无上荣光，是一生中值得纪念的事情。

把你萌翻

大叶蝉其实不大，也就 6 毫米左右，身子细长，差不多相当于一颗煮熟的大米饭粒大小。它的头部和背部都有斑点。那天，在一片叶子上看到它，忽然一愣，怎么是个小姑娘！帽子，长裙，不知发生了什么事情，让她吃惊得张大了嘴巴。大自然一直这么好玩儿。蝉是会唱的，暑天树上的蚱蝉鸣唱不绝，像嗨歌比赛，让人难忘。不知这只叶蝉是不是绿草间的歌唱小明星，看这打扮和口型，像在唱美声。只是，我听不到。也许，她发出的是超声波或次声波，只唱给同类听。

蔬菜上的一只虫子，远看是黑黄条纹，这是自然中的警戒色，我知道，它是在装腔作势地吓唬不怀好意者。好多人也怕，会远远地躲开。虫子也是被逼无奈，没有

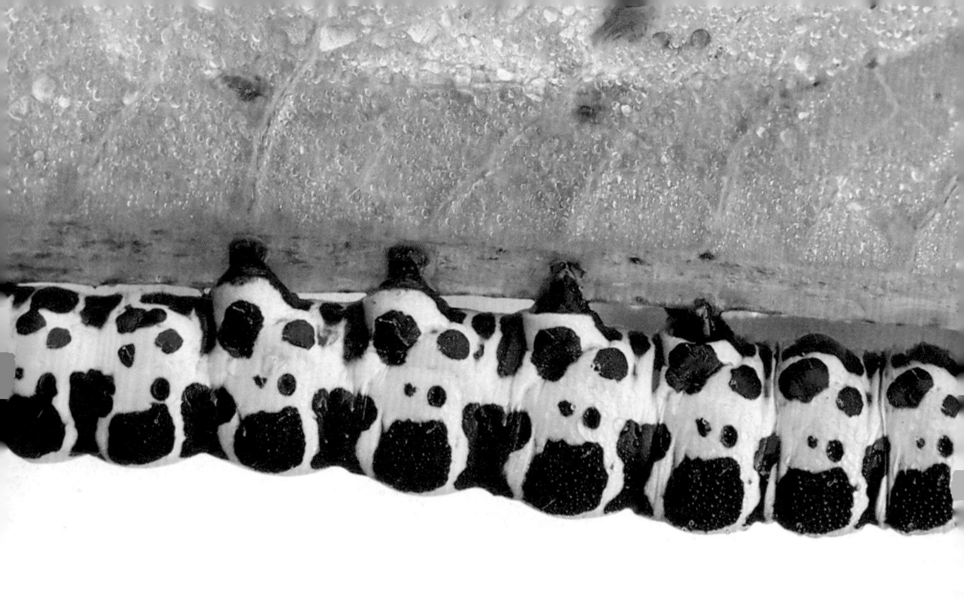

甲壳，保护不了自己；肉足只能用来行走和抓握，不是利爪；牙齿只能用来进食，不是利齿，成不了武器。

我算是见多识广了，它们都有异样的美丽。它们身上的每一条纹理，每一个斑点，都是用千万年的光阴绘制而成。大自然不做徒劳无功的事情，生物学家总这样说。可是，这只小虫子有些调皮，我凑近细看，它倒悬在菜叶边的身子上那黑色的斑点和条纹，竟然是大熊猫的几个孩子排队而坐：耳朵有高有低，眼睛有大有小；有一只仰着头，有一只还举起了手。

广翅蜡蝉的若虫最有创意，它创造出了一团棉絮一样的尾巴用来隐藏自己。尾巴大，身子小，就像只有半截身子，看头部才感觉是蝉。我靠近它，它就扭过身去，只用尾巴对着我，我就看不出它是小蜡蝉，甚至看不出它是动物了。叶子上，它们聚集在一起，偶尔动一下，就像微风吹动了飘落的柳絮。它的尾巴合起来的样子更萌，像一枚发射的小火箭。

植物也萌，例如罗汉松。我第一次看到它的时候，树上缀满了成熟的果子，是两个球果上下相连，上面是罗汉的光头，下面是罗汉的赤身，低眉颔首，静心打坐。不久前，我又看到了一棵罗汉松，上面刚结出罗汉果，只有一个小小的光头，那么圆的头，上面还有一层白霜，像夏天撒的痱子粉。可是，我换一个角度看它下面那个果蒂部分的时候，竟像极了小和尚双手合十的样子，他在虔诚礼佛。他真正的收住了孩子顽劣的习性，对旁边的小虫子置之不理，入定了一般。

绿熊也是。青翠，一层细密的绒毛，活在极其干旱的地方已经十分不易了。它如果像仙人掌那样把叶子演化成利刺，我也会喜欢的。它，它，竟然在肥厚的叶子顶端装饰上五个紫红的小爪子。也有人称它为熊童子，童子，就是孩子，两片叶子张开，像两只小手：抱抱我吧。简直能把人萌翻，叫人如何不喜欢！

大自然是所有生命的母亲，是所有艺术的子宫。人类自高自大，又心浮气躁，在十分漫长的一段时间内，是慢待自然的，以为自然只是自己索取生活资料的场所，粗鲁而残忍。

自然中那些微小的生命，都是大自然用亿万年光阴雕琢而成的艺术品，美丽精致的它们都纯真的像童话。俯下身子，平视或仰视它们，学会欣赏它们，时日一久，人会恢复童心并变得谦逊而聪慧。

蚕蛾也描眉

儿乎每到春天，都会在小孩子们中间兴起一股养蚕的热潮。不知哪来的蚕种，想养的人就能分到几条。小的看不清样子，灰黑色的，就那么一段一段的线，在桑叶上慢慢地爬着，认真地吃着。

前些年，儿子上小学时，也从同学那弄来几条。养了两天就发现，蚕虽小，但食量大，它们日夜进食，桑叶不够。到小区找，到路边找，到野外找，不知道到哪里能找到桑树，采到桑叶。有人指点给我桑树的位置，当找到的时候才发现，已经光秃秃的了，只在顶端还有的几小片嫩叶随风飘着，桑树这命，也可怜啊。那时，还有几位同事的孩子也养蚕，偶尔交流几句养蚕的经验和笑料。而这时交谈的主题就是如何解决那几条蚕的温饱问题，我们见面就问："找到桑叶了吗？"像地下工作者用暗号接头。

饥一顿饱一顿的，那几条蚕还是长大了。最后它们不怎么吃了，有的就找纸盒子的角落开始吐丝了。我知道它们吐丝要找到支撑物，就突发奇想，找来几个羽毛球，一个球里放一条。后来，它们真的就在羽毛球里结茧了，像工艺品，有三只结的茧还是金黄色的。喜欢了几天，后来，就把它们放到一边了。里面的蛹还活着，它不久还要钻出来，交配，产卵，完成下一轮的生命循环。这些当时我并不知道。

前几天，一位同事说，她儿子养的蚕结茧后又出来产卵了，不知道怎么处置。我说，拿来，我拍微距。真拿来了，蚕茧乱成一团，几只蛾子灰不溜秋的，毫无姿色，身子肥硕而翅膀短小，在蚕茧上面扑腾着，翅膀已经折腾得残缺不全了。我想拍它们的卵，但卵产在了塑料袋上，也有产在蚕茧上的，不是我想象中的美丽的一排或一片小鸡蛋。

就又想到了蛾眉。蚕蛾也有蛾眉吗？它们胖乎乎肉墩墩的样子也有美丽的蛾眉吗？看看，黑乎乎的，像浓眉！评书《三国演义》里关羽的卧蚕眉是不是就这个样子？但微距镜头下，它的触须让我差点儿叫出声来：太精致了，像两把木匠细心打磨的梳子。

后来看书，说它们的触须呈栉状。我想起来了，栉风沐雨，鳞次栉比，栉，不就是梳子吗？还有曾经拍过的台东大栉蚊，触须也是梳子一样，只是不如蚕蛾的细致精巧。

书上还说，蚕蛾的口器已经退化了，也就是说，它不能进食了，因此它活不了几天。是不是说，蚕一生的食量是固定的，它幼虫阶段不分昼夜地吃，已经够了？但只活两天，还描眉，描这么

精致？它在以此体面而隆重地告别这个世界吗？我对它们竟有了一些以前没有的怜悯和爱意。

多好的初夏时节啊，石榴花开，梅子未黄，生命最美的生长季节才刚刚开始。

我把这一团蚕茧，还有那个塑料袋，蛾子，放到了野外一棵桑树的枝叶间，也许能有几只小蚕孵化出来，将生命延续下去。

如果有条件，孩子们该养几条蚕，或者从播种开始种几棵菜，这么简单，这么方便，就能一天一天地见证生命的精彩和传奇。

昆虫小姐

昆虫界如果举办选美活动的话，我敢肯定，豆娘稳进前三，是名副其实的昆虫小姐。

不是我偏爱，实力摆在那。豆娘身材苗条，大腿细长，栖息时四翅并拢背上，如长纱裙，眼睛大而有神，嘴巴小而秀气。它们在水边草丛中飞行的时候，万物静穆，清风温柔，花艳草碧，周围的一切组成了天堂的模样。

豆娘和蜻蜓同类，但比蜻蜓更小巧美丽。它的幼虫也在水中生活，到暮春水暖，就开始有豆娘陆续爬上草秆羽化。刚蜕变的豆娘身子和翅膀颜色都还浅淡，柔弱的样子让人不由想到娇气稚嫩的婴儿。

单看豆娘的外表，一副弱不禁风的娇态，但其实，它不是吃素的，它可是真正的杀手。你若蹲下来仔细观察它们，会看到它们高超的飞行技艺表演，鸟儿也自愧不如。它们能前飞，能后退，忽上忽下，还会悬停。看到猎物，则是迅疾地冲刺，小箭一般射出，用带刺钩的腿抓

住小飞虫，张嘴就咬，毫不含糊。这时，豆娘进食凶猛厉害的样子，会让人忘记了它们的娇弱，豆娘一下子强悍起来，与虎豹无异。

豆娘的颜色丰富，品种多样，大小悬殊，难以尽数。我在生活的几十平方公里的范围内，发现的豆娘也有二三十种之多。

有一种学名叫扇蟌的豆娘，它中间和后面的两双腿上竟然各进化出一片白色的薄片，如四把小扇子。它在飞行的时候，白片轻轻地抖动，显得很飘逸。这四个白片估计会影响它的飞行，但却能增加捕食成功的概率：几条腿围住猎物，四片白色的薄片就像挡板，给被捕杀的小飞虫围成了一个小笼子，豆娘的腿上还有整齐的毛刺，猎物就在劫难逃了。关键是，酷，这几片白色的薄片让它与众不同，没准会因此赢得异性的青睐。我看到过太多的昆虫都有惊人的创造力。

还有一个特殊品种的豆娘，学名叫色蟌，有些少见，我只在山间小溪旁拍到过几次。我认为，豆娘参加选美，应该推荐它去，有希望夺冠。远远看去，特别是在光线稍微暗淡的地方，它黑不溜秋的，不太引人注意，只是暗淡中带着几分神秘。但如果在舞台上，在红毯上，在聚光灯下，就不一样了。你若能慢慢靠近，欣赏它们，你定会大吃一惊，它浑身上下，身子、腿、脑袋、翅膀，都呈现出彩虹一样不可思议的光泽。色蟌比一般豆娘的翅膀宽大很多，像黑丽翅蜻，像黑蝴蝶，飞行起来，更有一种翩翩起舞的感觉。青山中，绿水旁，鸟语花香，天光云影，几只色蟌徐徐地翻飞，一瞬间，会让人有些恍惚：这是怎样的造物主啊，竟然能造出这样美得不可方物的小生命来。

豆娘，名字的由来不可考，我猜定是锦心绣口之人所起，很可能是南方人。因为我知道苏州有十二娘，都是称呼勤劳善良、美丽灵巧的女子，是一种发自内心的爱称。

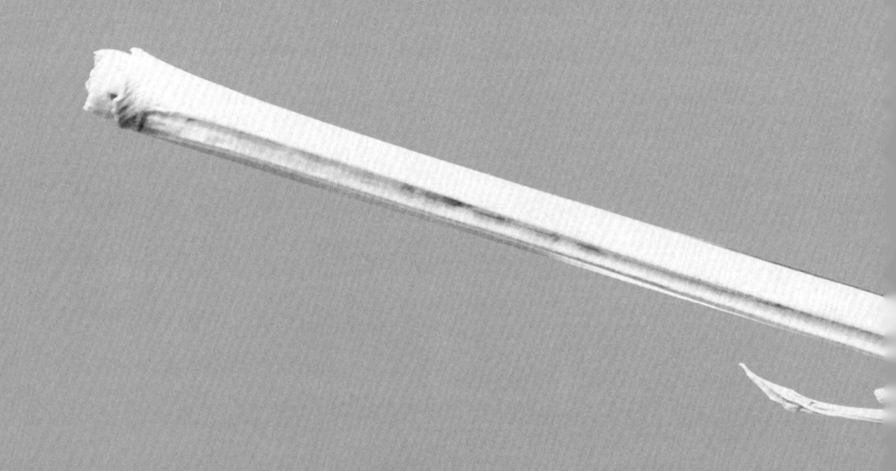

黑色的魅力

第一次拍到黑丽翅蜻的时候，天上还飘着蒙蒙的细雨。

它不紧不慢翩翩地飞着，我还以为是一只黑翅的蝴蝶。一般的蜻蜓都是飞行大师，你根本看不见它的翅膀费力，但左突右冲，前进后退，甚至悬停和垂直起落这样高难度的动作，它都能轻易完成，想想，要没这样的本领，如何能在飞行中捕食小飞虫。黑丽翅蜻有些另类，它的翅膀宽大，扇动起来优雅舒缓，像极了蝴蝶。我的目光追随着它，只有它落下我才能靠近。但它落在了水中的一根草杆上。好在水并不深，只是一处草滩因连日降雨的积存，我的鞋早已湿透，也没有防水的必要了。

但靠近拍摄依然不易，走快了怕惊动了它，失去拍摄机会；慢慢靠近又怕它不等着我：拍昆虫常常要面临着这样的两难选择。还好，也许是空气中过大的湿气让它的翅膀有些沉重，或者，它真的是累了需要歇息，总之，它老老实实地做了我的模特。

凑近了也才发现，原来它的翅膀不是黑的，而是有着彩虹一样的光泽。或者说，它翅膀的表面有一层墨镜一样的镀膜，它的色彩，来自于对七彩光线的反射。也才明白它学名的由来，黑、丽——翅蜻。

黑宽棘腹蛛似乎也是这样，你粗粗地看去，它只是草丛中的一个黑点，但放大了看，却有着暗红的纹理。这些昆虫，好像都懂美学一样。

它们都以黑色为主，当时我想，这要是大夏天的，在阳光下，不热吗？当然还有兽类，那一身皮革，黑熊、黑狗；还有鸟类，乌鸦、八哥，那一身羽毛，都是防寒保暖的好衣服。很多时候，我们不大在意，寒冬时它们穿着，大热的天也没有脱下。它们一定有办法，只是我们不大了解，就像白天不懂夜的黑。要都弄明白了，我们就成了上帝了。自然总要留下一些谜团，动植物的黑色本身就是神秘的色彩。

有一次，我竟然发现一只刚刚羽化的黑丽翅蜻，能明显看出它身子和翅膀的娇嫩。我伸出手，它居然把我的手指当成了一个落脚点。它没有拒绝我人间的酒肉之气，对我的接纳是一次明确的奖赏，让我高兴了很长时间。

我也得以把它放在手中，仔细端详它无与伦比的美丽。怎么还有这么漂亮的翅膀！那些翅脉，那一小块一小块的翅膜，一丝不苟，精巧绝伦，它一定是得到了造

物主格外的偏爱。难怪翅膀这么宽大，它是不惜牺牲飞行的速度，放大了自己的美丽。要是昆虫界也有选美的话，它肯定夺魁。

后来，我又有好几次机会近距离拍到它们，闲来无事进行比较，发现它们翅膀的尖端并不完全一样，有的全黑，有的留有一块透明，有的在透明的部位还加上几个黑点。这要仔细区别了，就像区别双胞胎，稍不注意，你就会认错。

自然界中的生命真是太丰富了。黑而不暗，黑而美丽，比明亮的色彩多了一份神秘和魅力，黑牡丹、黑玫瑰、墨菊、墨梅……当然，还有黑丽翅蜻，它们的存在，让我对生活又多了几分热爱。

惊悚的早餐

在昆虫世界，蜻蜓美丽健壮，而且飞行本领高强，进化得十分完美。拍它们，要小心翼翼，它们有复眼，几乎没有视线的死角，很多时候，你还没接近它们，一振翅，就不见了踪影。或者逗你玩，你靠近它就飞，在不远处落下，你再靠近，它再飞，不断反复，以至无穷，十分考验你的耐心。

这天早晨，看到一只黑黄条纹的蜻蜓，比灰蜻蜓蓝蜻蜓少见，便靠近拍摄，但有点急躁草率，接近它的速度快了一些，还没到达我理想的位置，没来得及按快门，它就飞了。但我知道，一般蜻蜓不会飞很远，我便跟踪着它。哪知飞出不到四五米，它就吊在了两片芦苇叶子中间，经验告诉我，它一定是触网了。我靠近看，它的翅膀不断煽动，六条腿也四处抓挠，试图摆脱蛛网的缠绕。

我看翅膀也就一根细小的蛛丝挂着，旁边的小蜘蛛一动不动，我以为蜘蛛此时不敢出手，蜻蜓不是吃素的，蜘蛛肯定也怕蜻蜓的口器和腿刺。蜻蜓再一努力就有可能逃脱了。

但是，蜻蜓不久就不挣扎了，只有风会吹得它转来转去。它没力气了，还是认命了？我不知道。自然中发生的事情交给自然去解决，我只管做好我自己的事情：赶紧拍。在镜头里我才发现，已经有一只小蜘蛛趴在它身上了，肯定是注入了毒液，

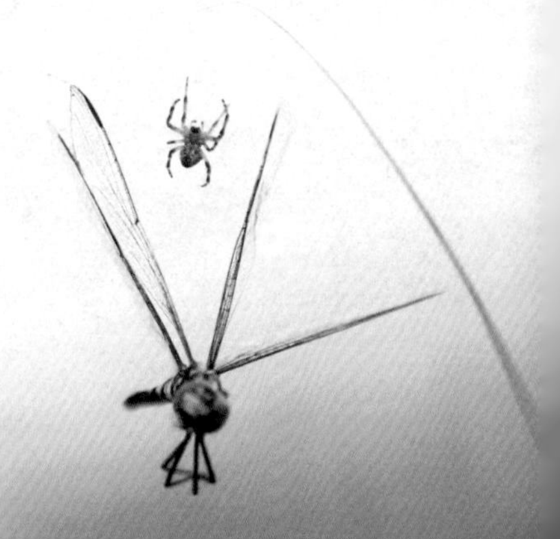

现在已经发作了。就是那种常见的灰褐色、有暗淡纹路的土蜘蛛。它真厉害，蜻蜓刚落网的时候它就冲上去了，根本没有顾及蜻蜓比自己身量大多少，也没考虑蜻蜓的黄黑条纹的警戒，只是刚才我没看到。它一定知道，不尽快制服对手，煮熟的鸭子也可能飞掉。

旁边芦苇叶子上的小蜘蛛大概知道这不是自己的菜，不在自己的地盘上，便也静止不动。这是我第一眼看到误以为沉着

冷静的蜘蛛。后来蜻蜓不动了，它爬了过来，我以为是要分一杯羹，两只蜘蛛身量差不多，那可能就会有一次恶战。但这只细长的小蜘蛛爬到蜻蜓翅膀那又返回了，它很可能太近视了，只把蜻蜓当成了织网的支撑物，它在修补刚才破损的蛛网。或者，两只比邻而居的蜘蛛有君子协定，各自恪守，不可僭越。

风一直在刮，我便到别处去拍。不到一个小时，我又回来看它们，看发生了什么变化。细看，让人惊悚，小蜘蛛已经咬开了蜻蜓的脖子，它在从那个位置进餐。蜻蜓是外骨骼昆虫，蜘蛛知道其薄弱环节。

我把照片让朋友看，都说太残忍了，不敢看第二眼。

狮子和狼也这样进餐，它们撕开猎物的肚子，让头领先吃无骨的部分，一般是心肺之类的内脏。这次我拍到的只不过是蜘蛛一次寻常的捕猎和进食。

想想超市吧，卖猪肉的地方，猪皮、猪油、里脊、小排、大排、前腿、后腿、猪蹄、猪肝……还有肉糜，分着卖。牛羊、鸡鸭也大致如此，我们司空见惯，已经见怪不怪了。

到了饭店呢，京酱肉丝、水煮肉片、红烧肉、东坡肘……好大一本菜单，还配了鲜亮诱人的图片。食客们一个个吃得满嘴流油，而心安理得。

这样一想，谁的吃相更惊悚呢。

神奇之旅

潮湿、无风、昼夜温差大的时候，容易起雾。一般人推窗一看，白茫茫一片朦胧的世界，大概想到的是不宜户外活动，不宜开车等。而我，却想马上跑到野外，到草丛灌木里去看看，我知道，那里有另外一个精彩的世界等着我。

几年的微距拍摄，让我积累了不少经验，例如大雾天，草丛和灌木中的小蛛网，会均匀而整齐地缀满精致的露珠。不放轻脚步，不俯下身子，你就错过了一份难得的精彩。

露珠并不珍贵，甚至珍珠，因为人工养殖，也变得越来越稀松平常了。可是，大雾天上帝用露珠串起的项链，却美丽得神奇，神奇得有些不可思议。在我向别人说起的时候，如果有条件，我总想打开电脑，指给人看，因为我的描述常常让人误以为我夸大其词。

实际上，我的描述远远没有我看到的精彩，面对美丽到极致的事物，我总会感到语言的无能为力。像一朵鲜花的颜色，一座蜂房的精巧，

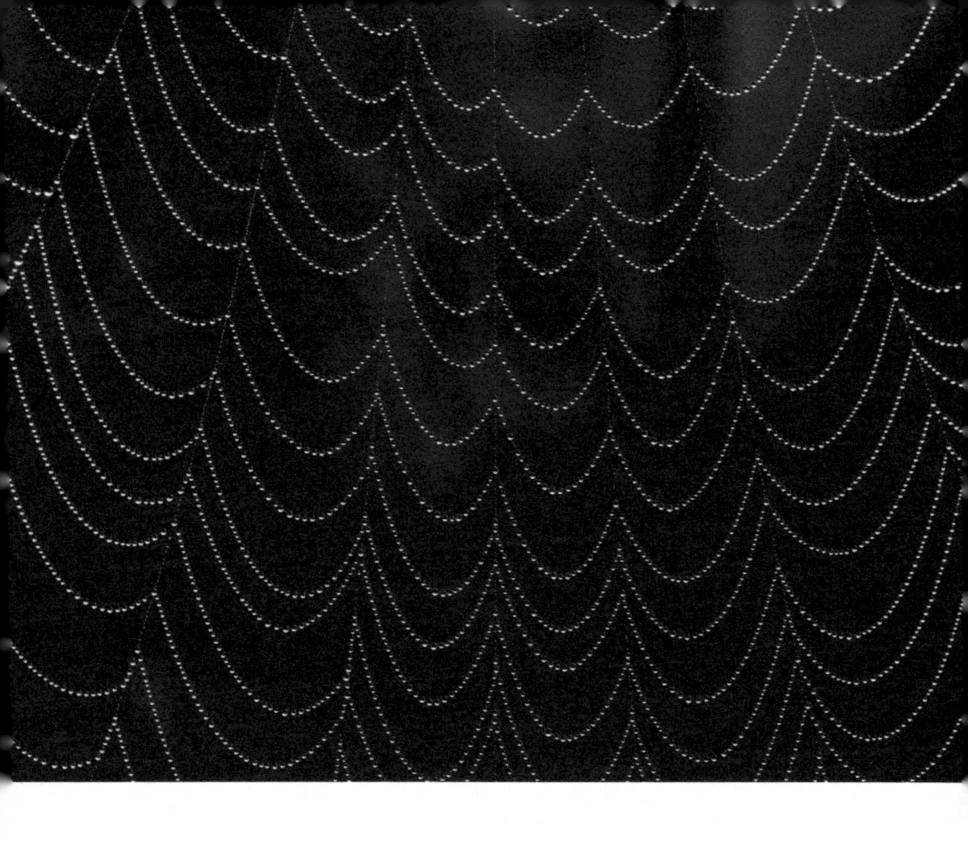

一片叶子的纹理，晚霞铺满海面的瑰丽和壮阔，风吹松林的交响和轻柔，草原上无边无际的野花盛开的美景，你说，我用什么样的语言形容它们！

　　那片蛛网，小的也只有我的掌心大小，一只紫红的小圆腹蛛安处中间，它一定是等了很长时间，等阳光晾干自己身上的水气，等莽撞的小昆虫自投罗网。它肯定有极大的耐心，不然它稍微一动，满网的露珠就会七零八落。

还有一只小蜘蛛，没有结网，不知是蛛网被什么破坏了，还是它本身就不是守株待兔的类型，我看到它的时候，它静静地趴在一支干枯的狗尾草穗上，浑身缀满了钻石一样的露珠。大雾形成露珠，露珠让普通的小蜘蛛富丽华贵又与众不同。

我放眼望去，岂止是蜘蛛和蛛网，几乎每一片叶子，每一支草穗上都细密地布满了珍珠一样的露水，奢华到你难以想象。那个小树杈上，那根线肯定不是蛛丝，因为我看到了隐约的弯曲，但那串项链，精巧到了不可思议的程度。还有草叶的尖端，小果的下面，都有一颗钻石在闪闪发光，摇摇欲坠。一定有上帝之手细致并轻松地变出了这场魔术，太阳一出，便如舞台上灯光一亮，它们就慢慢消失了，不知隐身到了何处。

其实，自然中的这种奇迹到处都是，只是我们太热衷于名山大川了，太热衷于宏伟壮丽的大场面了，而忘了在我们的身边，还有另外一个同样鬼斧神工的微观世界。每年的节假日、黄金周，只要是稍微有点名气的景点，就会人满为患。我不知道那些熙熙攘攘的人们都在看什么，看过之后留在心中的又是什么。

只要你愿意，何不避开喧嚣繁杂的人群车流，找一个清静幽雅的地方，俯下身子，细看，再细看，精彩就上演了：那个小土堆会渐渐高大起来，像泰山一样巍峨，那些小草也如奇松怪柏姿态不凡；土堆旁边的苔藓，毛茸茸，养眼的碧绿，好美丽的呼伦贝尔啊，几只红蚂蚁爬过，是一队壮硕的骏马；旁边的小水洼，也把周围的野草和灌木倒映其

中，再看，还有天光云影共徘徊呢；那里有一片狐尾藻，一棵棵在水中直立，好一片伟岸的水中森林……

上次我拍摄的地点虽在野外，却临近一个建筑工地，八点多的时候工人们开始吃早餐，不少人陆陆续续地来到路边的小吃摊儿前，见我趴在草丛中的样子有些好奇，过来问我在干什么，我说拍露珠呢，他们说露珠有什么好拍的，看看，感觉无趣，就离开了。

其实他们不知道，我刚刚经历了一场神奇之旅。

3D 小画家

蛾子在夜间活动，据说它靠月光来判断方向，它能调整飞行时与月光的夹角，以此感知自己的位置，这肯定有高科技的导航装备，我们至今还没研究透。白天很少见到它们的身影，日光太强烈刺眼了，也许会让它们头晕目眩，戴上墨镜都不行。

白天到野外拍照，要是发现蛾子，算你运气不错。有时在草丛中行走，不注意，会有小蛾子飞起，飞出不远就落下，但它会迅速藏到叶子背面，你接近了，它会重复前面的行为。拍它们，难度很大。

它在叶子的背面，镜头很难伸到它下面。你翻开叶子，很可能惊动它。它如果在草丛深处，你拨开杂草，它也可能飞走。

今天我很有耐心，慢慢接近一只灰不溜秋的小蛾子，我不分开杂草，我让镜头

慢慢穿过杂草缝隙靠近它。光线暗也没什么好办法，把光圈调到最大，感光度调到1600。拍出来，看它的翅膀，莫名其妙。

竟然是立体的图案。我放大了看，还是立体的。翅膀的末端向前弯曲，再折叠到三分之一处，边缘亮一些，凸出的部分在翅膀上还留下了阴影。灰白的颜色，像极了一片干枯卷曲的树叶。

但我知道，肯定是个平面，哪有折叠的翅膀啊。它的翅膀如果真的往前折叠，双层，那飞起来肯定兜风，它就太浪费体力了。生命进化不会搞形式主义，这样的与众不同简直是作死，要知道，在大自然的生存竞争中，动作慢一点就可能决定生死。

我又侧着拍，平着看，真的是一个平面，翅膀并无凸起和凹陷。

如此说来，它是一位了不起的3D小画家，虽是平面，但能欺骗你的眼睛，让你看起来就是立体的图案：我不是蛾子，我是一片枯叶，真的，不信你看，干枯地都卷了起来。

它是生命体，这一切都能编进DNA的密码中遗传下去。越想越佩服：本领真是不小。

后来又拍到一只类似的蛾子，只是翅膀中间多了两道白色的条纹。拍完还是不相信自己的眼睛，我用手慢慢地接近它，轻轻地摸了一下，光滑平整如丝绸。没等我摸第二下，它就跌跌撞撞地飞到了草丛深处。

对不起，请原谅我的好奇。其实我是想表达我的敬佩。

对它们而言，进化的工夫真是太多了，动不动就是几百万几千万年，它们有足够的时间玩出一些新奇的花样。再说了，它们只吃一点花蜜就别无所求，白天有 12 个小时呢，晚上还有 12 个小时，它们有足够的时间从事艺术活动，不像人，房贷车贷，跳槽晋职，弄虚作假，尔虞我诈，事太多，忙忙碌碌，削减了精神生活应有的比例，远不如一只小蛾子悠闲。

那些嘚瑟的斑马们

那几片寻常而伟大的枯叶

黑色的魅力

蚕蛾也描眉

昆虫小姐

梁祝

美甲

我发现了蜘蛛侠的大本营

工匠精神

正是天凉好个秋

一滴水的困局

上帝的信使

虫年

世界上所有的夜晚

小狐狸的选择题

我的眼泪在飞

用三亿五千万年做一件隐身衣

路由器

华彩唐装

我在看着你

莽撞的杀手

一切都是最好的安排

寄蜉蝣于天地

大雾阅微

3D小画家

在碧绿的柔波里

就在你身边

越努力，越幸运

把你萌翻

一只蜜蜂的觉醒

提着灯笼草中走

神奇之旅

狐假虎威

惊悚的早餐

让故事继续讲述

为一场官司记录证据

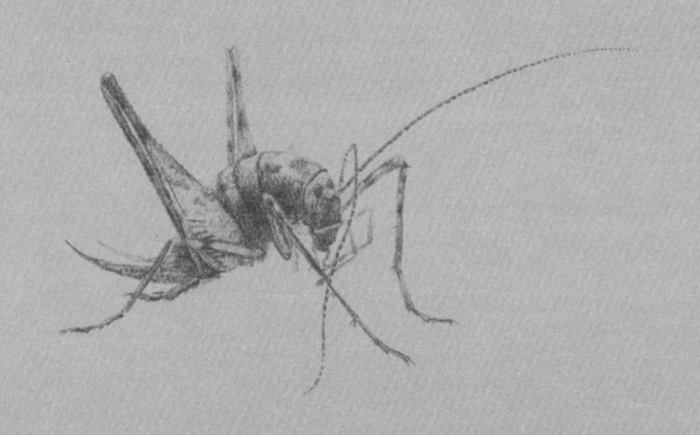

自然中那些微小的生命，

都是大自然用亿万年光阴雕琢而成的艺术品，

美丽精致的它们都纯真得像童话。

虫去草空后，雨停茶凉时